Werkstofftechnik	1
	2
	3
	4
Elektrotechnik, Informationstechnik	5
Steuerungs- und NC-Technik	6
Prüf- und Montagetechnik	7
Bauphysik	8
Tore und Türen	9
Schlösser und Schließanlagen	10
Stahltreppen und Gitter	11
Metallfenster, Glaskonstruktionen	12
Stahlbau	13
Metallgestaltung	14
Anlagen- und Fördertechnik	15
Technische Mathematik	16
Arbeitsplanung	17
Sachwortverzeichnis	18

Prüfungsbuch für Metallbau und Konstruktionstechnik

J. Moos

Mitarbeit: M. Beck

2. Auflage

Best.-Nr. 3160
Holland + Josenhans Verlag Stuttgart

2. Auflage 1999

Dieses Prüfungsbuch berücksichtigt die neuesten DIN-Blätter und EN-Normen. Verbindlich sind aber nur die jeweiligen DIN- und EN-Normen selbst.

Alle Rechte vorbehalten. Das Werk und seine Teile sind urheberrechtlich geschützt. Jede Verwertung in anderen als den gesetzlich zugelassenen Fällen bedarf deshalb der vorherigen schriftlichen Einwilligung des Verlages.

Dieses Buch ist auf Papier gedruckt, das aus 100 % chlorfrei gebleichten Faserstoffen hergestellt wurde.

© Holland + Josenhans GmbH & Co., Postfach 10 23 52, 70019 Stuttgart
Gestaltung: Ursula Thum, 70599 Stuttgart
Zeichnungen: Hans-Hermann Kropf, 89428 Syrgenstein
Satz und Druck: Oertel + Spörer GmbH + Co., 72764 Reutlingen
Bindearbeit: Industrie- und Verlagsbuchbinderei Dollinger GmbH, 72555 Metzingen
ISBN 3-7782-3160-X

Vorwort

Die Tätigkeiten in den Berufen des Metall- und Stahlbaus sind sehr breit gestreut und vielseitig. Sie reichen – je nach Beruf – von der Herstellung und Errichtung von Stahlhochbauten bis hin zu Schmiedearbeiten nach individuellem Entwurf. Das „Prüfungsbuch für Metallbau und Konstruktionstechnik" behandelt diese breite Palette an Tätigkeitsfeldern ebenso wie die für alle gemeinsamen Grundlagen der Werkstoff- und Fertigungstechnik. Für Auszubildende sowie zukünftige Meister und Metallbautechniker ist der Stoff nicht nur umfangreicher geworden, es sind auch zunehmend Fragen der Gestaltung von Metallbaukonstruktionen zu beachten. Das Buch will auch hier dem Benutzer eine Hilfe sein.

Das „Prüfungsbuch für Metallbau und Konstruktionstechnik" baut auf dem bewährten Prinzip auf, den Lernstoff in Frage und Antwort anzubieten. Die einzelnen Stoffgebiete werden dabei in leicht überschaubare Teilgebiete untergliedert, wobei aber stets darauf geachtet wird, daß zusätzlich zum Faktenwissen der Sinn für übergeordnete Zusammenhänge und der Bezug zur Berufspraxis vermittelt wird. Mathematische Probleme und zeichnerische Darstellungen sind deshalb in die einzelnen Stoffgebiete integriert. Besonderer Wert wird dabei auf eine leicht verständliche Darstellung gelegt. Der Lernstoff wird deshalb klar gegliedert dargeboten:

1. Das für den Beruf unbedingt erforderliche Wissen wird in Kernfragen zusammengefaßt. Die Kernfragen sind knapp und präzise beantwortet.
2. Die Antworten auf die Kernfragen sind, dort wo erforderlich, durch aussagekräftige Skizzen und Kommentare ergänzt.

Das „Prüfungsbuch für Metallbau und Konstruktionstechnik" ist konzipiert zur Vorbereitung auf Zwischen- und Abschlußprüfungen. Darüber hinaus ist es aber auch eine wertvolle Hilfe bei der Einübung und Wiederholung von Fachwissen während der Ausbildung und als Vorbereitung zur Meister- oder Technikerprüfung in den einschlägigen Berufen des Metall- und Stahlbaus.

Verlag und Autor wünschen allen Benutzern viel Erfolg bei Prüfungen und danken für Hinweise und Aktualisierungen.

Autor und Verlag

Inhaltsverzeichnis

1 Werkstofftechnik

1.1 Grundlagen 11
1.2 Eisen und Stahl 13
1.3 Nichteisenmetalle 19
1.4 Glas 21
1.5 Kunststoffe 23
1.6 Werkstoffprüfung 26
1.7 Wärmebehandlung 29
1.8 Korrosion und Korrosionsschutz 32

2 Umformen

2.1 Biegen von Profilen 36
2.2 Rohrbiegen 38
2.3 Blechumformen 40
2.4 Schmieden 43
2.5 Richten 48

3 Fügen

3.1 Fügeverfahren 52
3.2 Schraubverbindungen 53
3.3 Falz- und Druckfügeverbindungen 57
3.4 Nietverbindungen 59
3.5 Schweißverbindungen 61
3.6 Gasschmelzschweißen 62
3.7 Lichtbogen-Handschweißen 65
3.8 Schutzgas-Schweißen 70
3.9 Preßschweißen 74
3.10 Maschinenelemente 75

4 Trennen

4.1 Scheren 77
4.2 Profilbearbeitung 80
4.3 Schleifen 83
4.4 Thermisches Trennen 87
4.5 Werkstattverfahren 90

5 Elektrotechnik, Informationstechnik

- 5.1 Elektrotechnik 94
- 5.2 Elektrische Maschinen 98
- 5.3 Elektronische Datenverarbeitung 100

6 Steuerungs- und NC-Technik

- 6.1 Grundlagen 103
- 6.2 Pneumatische Steuerungen 106
- 6.3 Elektrische Steuerungen 108
- 6.4 NC-Steuerungen und NC-Maschinen 110
- 6.5 NC-Programme 112

7 Prüf- und Montagetechnik

- 7.1 Prüfgeräte, Prüfarbeiten 116
- 7.2 Montagearbeiten 119
- 7.3 Befestigen von Bauteilen 123
- 7.4 Hebezeuge 129

8 Bauphysik

- 8.1 Wärmeschutz 133
- 8.2 Feuchteschutz 135
- 8.3 Schallschutz 137
- 8.4 Brandschutz 138
- 8.5 Sonnenschutz 140

9 Tore und Türen

- 9.1 Garten- und Hoftore 142
- 9.2 Montage und Antrieb 147
- 9.3 Garagen- und Hallentore 150
- 9.4 Metalltüren 153
- 9.5 Feuerschutztüren 157

10 Schlösser und Schließanlagen

- 10.1 Schloßarten und Maße 161
- 10.2 Schließzylinder 165
- 10.3 Schließanlagen 167
- 10.4 Einbruchschutz 169

11 Stahltreppen und Gitter

- 11.1 Arten und Bauformen 170
- 11.2 Bauteile 174
- 11.3 Berechnungen 176
- 11.4 Treppengeländer 177
- 11.5 Balkongeländer 179
- 11.6 Gitter und Absperrungen 180

12 Metallfenster und Glaskonstruktionen

- 12.1 Fensterbauarten 183
- 12.2 Aluminiumfenster 186
- 12.3 Stahlfenster 189
- 12.4 Fassaden 190
- 12.5 Glasanbauten 192
- 12.6 Vitrinen 193

13 Stahlbau

- 13.1 Bauelemente 194
- 13.2 Stahlhallen 200
- 13.3 Stahlskelettbauten 201
- 13.4 Stahlbrücken 202
- 13.5 Stahlschiffbau 203

14 Metallgestaltung

- 14.1 Gestaltungsgrundlagen 205
- 14.2 Gestaltungsmittel 206
- 14.3 Stilgeschichte 209

15 Anlagen- und Fördertechnik

- 15.1 Fördermittel 214
- 15.2 Bauelemente 215
- 15.3 Aufzüge 218
- 15.4 Sicherheitseinrichtungen 220

16 Technische Mathematik

- 16.1 Volumen und Masse 222
- 16.2 Kräfte und Momente 224
- 16.3 Antriebe 226
- 16.4 Wärmetechnik 228
- 16.5 Fügetechnik 230
- 16.6 Festigkeit 232

17 Arbeitsplanung

17.1 Schweißkonstruktion: Maschinengestell 234
17.2 Metallbaukonstruktion: Al-Fenster 236
17.3 Blechkonstruktion: Auffangbehälter 238
17.4 Schmiedearbeit: Amboßgesenk 240

18 Sachwortverzeichnis 242

1 Werkstofftechnik

1.1 Grundlagen

[1] Wie lassen sich Werkstoffe einteilen?

Werkstoffe lassen sich einteilen in
a) metallische – nichtmetallische,
   z. B. Eisen – Holz
b) natürliche – synthetische,
   z. B. Leder – Hartmetall
c) Eisenmetalle – Nichteisenmetalle,
   z. B. Stahl – Kupfer
d) – Fertigungsmaterial, z. B. Profile
   – Hilfsstoffe, z. B. Stabelektroden
   – Betriebsstoffe, z. B. Schmieröl

[2] Was sind wichtige Kenngrößen für die Werkstoffauswahl?

– physikalische:
  z. B. Festigkeit, Dichte, Wärmeleitfähigkeit
– chemische:
  z. B. Korrosionsbeständigkeit
– technologische:
  z. B. Schweiß-, Schmiedbarkeit
– ökologische:
  z. B. Entsorgungs- und Recyclingmöglichkeit

[3] Was gibt die „Festigkeit" eines Werkstoffs an?

Festigkeit ist der innere Widerstand eines Werkstoffs gegen äußere Kräfte.

> Je nach Art der äußeren Einwirkung unterscheidet man deshalb Zug-, Druck-, Biege-, Abscher-, Knick- und Verdrehfestigkeit. Im Stahlbau ist die Zugfestigkeit eines Werkstoffs ein wichtiges Kennzeichen.

© Holland + Josenhans

1 Werkstofftechnik

4 Welche Belastungsart wirkt bei den einzelnen Bauteilen?

a) Kette: Zug
b) Fußplatte: Druck
c) Träger: Biegung
d) Niet: Abscherung
e) Säule: Knickung
f) Welle: Verdrehung

5 Was versteht man unter der „Härte" eines Werkstoffs?

Härte ist der Widerstand gegen Eindringen eines anderen Körpers.

> Eine Reißnadel aus gehärtetem Stahl ritzt Baustahl, weil sie härter ist. Der härteste Stoff ist Diamant.

6 Welche Werkstoffe sind „zäh", welche sind „spröde"?

Ein Werkstoff ist zäh, wenn er sich umformen läßt, z. B. Baustahl oder Kupfer.
Spröde Werkstoffe brechen schon bei geringer Formänderung, z. B. Glas oder Grauguß.

7 Wo sind „Adhäsion" und „Kohäsion" wichtig?

Adhäsion ist die Anhangskraft; wichtig z. B. beim Kleben.
Kohäsion ist die innere Zusammenhangskraft, wichtig z. B. beim Schmieden.

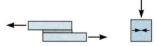

8 Welche Werkstoffe sind gute, welche sind schlechte Wärmeleiter?

Gute Wärmeleiter:
alle Metalle, besonders Kupfer
schlechte Wärmeleiter:
z. B. Luft, Holz, Dämmstoffe

> Allgemein gilt: Stoffe mit kleiner Dichte und vielen „Lufteinschlüssen" leiten die Wärme schlecht. Sie eignen sich deshalb sehr gut als Isolierstoffe, z. B. Glaswolle.

1 Werkstofftechnik

9 Wie verändern sich die Maße eines Werkstoffs bei Erwärmung?

Die Abmessungen, wie Länge, Breite und Höhe werden größer.

> Die Längenausdehnung muß bei Bauwerken, wie Brücken oder Fassaden, berücksichtigt und durch Dehnungsfugen aufgenommen werden

10 Was geschieht beim Umfomen durch Biegen im Werkstoff?

Die Moleküle verschieben sich gegeneinander, der Querschnitt verändert sich.

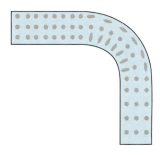

> Auf die Querschnittsveränderung ist besonders beim Biegen von Profilen und Rohren zu achten.

1.2 Eisen und Stahl

1 Was geschieht bei der Gewinnung von Metallen?

Den Erzen werden der Sauerstoff und die unerwünschten Beimengungen entzogen.

2 In welchen Schritten wird Eisen aus Erz gewonnen?

a) Erzaufbereitung: Taubes Gestein wird entfernt
b) Rösten: Wasser wird entzogen
c) Reduktion: Sauerstoff wird entzogen (im Hochofen oder durch Direktreduktion)

3 Warum läßt sich Roheisen nicht als Werkstoff verwenden?

Wegen des hohen Kohlenstoffgehalts (ca. 4 %) ist Roheisen spröde und technisch nicht verwendbar.

1 Werkstofftechnik

4 Mit welchen Verfahren wird heute Stahl gewonnen?

a) aus Schrott im Elektroofen
b) aus weißem Roheisen im LD-Konverter

> In Deutschland wird der Bedarf an Baustahl überwiegend durch Einschmelzen von Schrott gewonnen.

5 Was geschieht bei der Stahlerzeugung im LD-Konverter?

a) Kohlenstoff und Eisenbegleiter werden durch „Frischen" mit einer Sauerstofflanze verbrannt
b) Stahleigenschaften werden durch Zugabe von Legierungsmetallen verbessert

6 Wie wird Stahl aus dem LD-Konverter oder dem Elektroofen weiterverarbeitet?

a) Stranggießen zu Vorblöcken oder Knüppeln
b) Walzen zu Profilen, Blechen, Rohren, etc.
   oder
   Weiterverarbeitung zu Stahlguß

7 Wovon hängen die Eigenschaften von Stahl überwiegend ab?

Der Kohlenstoffgehalt beeinflußt am stärksten die Eigenschaften von Stahl:

$< 0,6\%$ C: Stahl ist weich und gut schmiedbar, aber nicht härtbar

$0,6–2\%$ C: Festigkeit und Härtbarkeit nehmen zu, die Schmiedbarkeit, Dehnung und Schweißbarkeit nehmen ab

$> 2\%$ C: Legierung wird als Gußeisen bezeichnet

1 Werkstofftechnik

[8] Wie lassen sich Stähle einteilen?

Stähle lassen sich einteilen z. B. nach:
- Verwendung: Baustahl – Werkzeugstahl
- Zusammensetzung: unlegiert – niedrig legiert – hoch legiert (ab 5 % Legierungsanteile)
- Eigenschaften: z. B. rostfrei, tiefziehgeeignet

[9] Warum verwendet man in der Technik meist Legierungen?

Durch Legieren lassen sich die Eigenschaften von Metallen verbessern, z. B. wird Stahl durch Zulegieren von
- Mangan zäh,
- Chrom korrosionsbeständig,
- Schwefel gut zerspanbar,
- Silizium gut gießbar.

[10] Nennen Sie die „Multiplikatoren" der Legierungsmetalle.

Multiplikator 4: Mn, Ni, Si, Cr, Co, W
  Merkwort: „Manisicrocowo"
Multiplikator 10: Al, Cu, Mo, Ta, Ti, V
  Merkwort: „Alcumotativ"
Multiplikator 100: C, N, P, S
  Merkwort: „Cen PS"

> Durch die Multiplikatoren erhält man im Zusammensetzungsteil von Stahlbezeichnungen ganze Zahlen.
> Ein vorangestelltes X weist auf einen hochlegierten Stahl hin, die Multiplikatoren werden nicht verwendet, außer die 100 für Kohlenstoff.

[11] Entschlüsseln Sie die Stahlbezeichnungen.
a) 42CrMo4
b) C35
c) X5CrNiMo18-8-2

a) Stahl mit 0,42 % Kohlenstoff, 1 % Chrom und Spuren Molybdän (Vergütungsstahl)
b) Stahl mit 0,35 % Kohlenstoff (Einsatzstahl) →

1 Werkstofftechnik

▷ *Fortsetzung der Antwort* ▷

c) hochlegierter Stahl mit 0,05 % Kohlenstoff, 18 % Chrom, 8 % Nickel, 2 % Molybdän (warmfestes Kesselblech)

12 Was kennzeichnet allgemeine Baustähle?

Allgemeine Baustähle
- haben einen Kohlenstoffgehalt bis zu 0,6 %,
- werden für Stahlkonstruktionen, Bleche, Niete etc. verwendet,
- lassen sich durch Legieren in ihren Eigenschaften verändern, z. B. 18 % Chrom und 8 % Nickel machen sie korrosionsbeständig

13 Was bedeuten die Kurzbezeichnungen und wofür werden die Stähle überwiegend verwendet?
a) S235 (St 37-2)
b) S355 (St 52)
c) S460 (StE 460)
d) S275 (St 44)

a) Allg. Baustahl mit 370 N/mm² Mindestzugfestigkeit

 Verwendung: Stahlkonstruktionen jeder Art, z. B. Hallen

b) Allg. Baustahl mit 520 N/mm² Mindestzugfestigkeit

 Verwendung: Bauteile mit hohen Anforderungen an die Festigkeit, z. B. Zuganker

c) Feinkornbaustahl mit 460 N/mm² Mindest-Streckgrenze

 Verwendung: Druckkesselbehälter

d) Allg. Baustahl mit 440 N/mm² Mindestzugfestigkeit

 Verwendung: hochbeanspruchte Niete

14 Welche Fertigerzeugnisse liefern Walzwerke u. a.?

- Langerzeugnisse, z. B. Form- und Stabstähle
- Flacherzeugnisse, warm oder kaltgewalzt, z. B. Bleche, Breitflachstähle oder Bänder
- Rohre: gewalzt, geschweißt oder nahtlos gezogen
- Sondererzeugnisse, z. B. Draht, Systemprofile

1 Werkstofftechnik

15 Wodurch unterscheiden sich Form- von Stabstählen?

Formstähle sind alle Doppel-T- und U-Profile mit einer Steghöhe >80 mm sowie die Breitflanschträger, die übrigen Profile werden als Stabstähle bezeichnet.

> Beispiel für Formstähle sind:
> HE-B 300, U 100, HE-M 400
> Beispiele für Stabstähle sind:
> I 60, IPE 60, L 100, Rd 60, T 30

16 Wie lassen sich Profile herstellen?

Profile werden hergestellt durch
a) Warm- und Kaltwalzen, z. B. Vollprofile
b) Strangpressen, z. B. Voll- und Hohlprofile
c) Kaltziehen, z. B. Voll- und Hohlprofile
d) Kanten, z. B. Hohlprofile
e) Profilwalzen, z. B. Hohlprofile

17 Erläutern Sie die Profil-Kurzbezeichnungen.
a) IPE 140 – 3000
b) HE-A 200 – 6000
c) HE-M 160 – 4000
d) U 180 – 800
e) L 40 × 20 × 4 – 350
f) TB 60 – 200
g) Z 40 – 500
h) Fl 80 × 8 – 700 DIN 1017

a) Mittelbreiter I-Träger, Flansche parallel, 140 mm hoch, 3 m lang
b) leichter I-Träger, Flansche parallel, 200 mm hoch, 6 m lang
c) schwerer I-Träger, Flansche parallel, 160 mm hoch, 4 m lang
d) U-Profil, 180 mm hoch, 0,8 m lang
e) L-Profil, Schenkellängen 40 und 20 mm, 4 mm dick, 350 mm lang
f) breitfüßiger T-Stahl mit 60 mm Höhe, 200 mm lang
g) Z-Stahl, 40 mm hoch, 500 mm lang
h) Flachstahl mit 80 mm Breite und 8 mm Dicke, 700 mm lang, warm gewalzt nach DIN 1017

> Alle übrigen Profilmaße:
> siehe jeweiliges Normblatt

18 Wie lassen sich Bleche einteilen?

Bleche lassen sich unterscheiden nach der
a) Dicke in Feinblech und Grobblech
b) Oberfläche in glatte und strukturierte Bleche, z. B. Raupen-, Tränen-, Warzenbleche
c) Herstellungsart in warmgewalzt, kaltgewalzt
d) Lieferform in Tafelblech, Breitband, Band, Coil

19 Wie lautet die Bezeichnung für ein Tiefziehblech 2 mm dick, Tafelmaße 1 m × 2 m?

Bl 2 × 1000 × 2000 DIN 1623 St 1405
Neu:
Bl 2 × 1000 × 2000 DIN EN 10130 DC 04

20 Welche Verfahren zur Herstellung von Rohren sind üblich?

a) aus Band formen und verschweißen
b) als Spiralrohr wickeln und verschweißen
c) schrägwalzen nach Mannesmann-Verfahren
d) Strangpressen
e) Ziehen

21 Wie lauten die normgerechten Angaben für die Rohre?

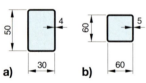
a) b)

c)

a) Rechteck-Hohlprofil 50 × 30 × 4, DIN 59411 (EN 10210)
b) Quadrat-Hohlprofil 60 × 5, DIN 59410 (EN 10219)
c) Ro 40 × 2, DIN 2391

> Alle weiteren Hinweise und Daten zu Profilen lassen sich aus Normblättern bzw. Profiltabellen ablesen, z. B. Querschnittsfläche, Ummantelungsfläche, Metergewicht, Widerstandsmoment.

1 Werkstofftechnik

22 Wann gilt ein Stahl als „rostfrei"?

Stähle mit geringem Kohlenstoffgehalt und mindestens 12 % Chromanteil gelten als rostfrei.

23 Welche Sorten von „rostfreien" Stählen gibt es?

Nach dem Gefügezustand unterscheidet man
a) ferritische,
b) martensitische,
c) austenitische Stähle (üblich im Metallbau).

24 Worauf ist bei der Verarbeitung von „rostfreien" Stählen zu achten?

a) Kraftaufwand beim Umformen ist sehr hoch
b) spanende Werkzeuge verschleißen wegen der Kaltverfestigung sehr schnell
c) die Anwärmezeit beim Schmieden ist sehr lang
d) Korrosionsschutz ist nur bei glatter und polierter Oberfläche garantiert.

25 Warum sind Maschinen vor der Bearbeitung von „rostfreiem" Stahl zu reinigen?

Stahlspäne auf „rostfreiem" Stahl führen zu einem sehr starken Korrosionsangriff, es bilden sich Kerben und Verfärbungen, die nur sehr schwer zu beseitigen sind.

1.3 Nichteisenmetalle

1 Welche Nichteisenmetalle finden im Metallbau Verwendung?

a) Aluminium für Leichtmetallkonstruktionen, z. B. Fenster
b) Kupfer für dekorative Zwecke, wie Verkleidungen
c) Kupfer-Zinn-Legierungen für kunstgewerbl. Erzeugnisse, z. B. Grabkreuze
d) Kupfer-Zink-Legierungen für dekorative Zwecke, z. B. Türverkleidungen.

1 Werkstofftechnik

[2] Welche Eigenschaften fördern die Verwendung von Aluminium im Metallbau?

a) korrosionsbeständig, z. B. für Fassadenbekleidungen
b) geringe Dichte, z. B. für den Leichtbau
c) gut verformbar, z. B. für Blechkonstruktionen
d) strangpreßbar, z. B. für komplizierte Profilsysteme
e) Oberfläche einfärbbar

[3] Wie wird Aluminium gewonnen?

Ausgangsstoff ist Bauxit = Aluminiumoxid. Es ist nicht im Ofen schmelzbar, sondern das Metall kann nur durch Elektrolyse gewonnen werden. Der Prozeß braucht sehr viel Energie, deshalb ist Aluminium sehr teuer.

[4] Was unterscheidet Guß- von Knetlegierungen?

Gußlegierungen werden durch Gießen weiterverarbeitet, nur Knetlegierungen lassen sich umformen, strangpressen und schweißen.

[5] Entschlüsseln Sie die Kurzbezeichnung: Al MgSi 0,5 F 22.

Aluminium-Knetlegierung mit 0,5 % Magnesium sowie Siliziumanteilen, Mindestzugfestigkeit 220 N/mm².

> Diese Legierung wird im Metallbau für Profile und Bleche am häufigsten verwendet, weil sie sich gut strangpressen und umformen läßt.

[6] Beschreiben Sie den Prozeß des Strangpressens.

Ein Aluminiumrohling (a) wird auf 550 °C erwärmt und gegen eine Brücke (c) gedrückt, die den Werkstoff teilt. Hinter der Matrize (b), in die das gewünschte Profil eingearbeitet ist, fließt der Werkstoff wieder zusammen.

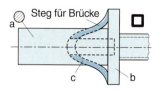

→

1 Werkstofftechnik

▷ *Fortsetzung der Antwort* ▷

> Stranggepreßte Profile sind bis 50 m lang, die erzielbaren Toleranzen betragen ≈ 0,1 mm.

7 Worauf ist beim Schweißen von Al-Legierungen zu achten?

Die Oxidschicht auf der Oberfläche hat einen sehr hohen Schmelzpunkt und das Schmelzbad reagiert leicht mit der Luft, deshalb muß mit hoher Energiedichte und Schutzgas geschweißt werden, z. B. WIG

8 Was ist beim Zusammenbau von verschiedenen Werkstoffen zu beachten?

Durch das unterschiedliche elektr. Potential entsteht Kontaktkorrosion, die das unedlere Metall der Verbindung zerstört, z. B.
– Stahlschraube im Aluminiumrahmen rostet heraus,
– Kupfernagel in der Zinkrinne führt zu einem Loch.

1.4 Glas

1 Wie werden Flachglastafeln hergestellt?

a) Schmelzen von Quarzsand bei Zugabe von Flußmitteln oder Einschmelzen von Altglas
b) Gießen auf ein flüssiges Zinnbad
c) Abkühlen und Zerteilen

2 Welche Glasarten haben Sicherheitseigenschaften?

a) Drahtglas
b) ESG = Ein-Scheiben-Sicherheitsglas
c) VSG = Verbund-Sicherheitsglas
d) Sonderglas, z. B. Brandschutzglas

3 Warum läßt sich ESG nicht bearbeiten?

Durch die Vorspannung in der Scheibe würde diese beim Bohren oder Schneiden in kleine Krümel zerfallen.

1 Werkstofftechnik

[4] Welche Vorteile bieten Mehrscheiben-Isoliergläser?

a) die eingeschlossene Luft erhöht den Widerstand gegen Wärmedurchgang
b) Schallschutz der Scheibe wird verbessert
c) verschiedene Glaskombinationen sind möglich

[5] Benennen Sie die Einzelteile der Scheibe.

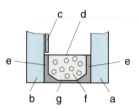

a) Innenscheibe
b) Außenscheibe
c) Folie zur Verbesserung der Wärmeisolierung
d) Abstandhalter
e) Klebstoff
f) Trocknungsmittel
g) elastische Abdichtung

[6] Welchen Vorteil bietet der Scheibenverbund?

Die unterschiedlichen Scheibendicken verhindern Schwingungen und verbessern die Schallschutzeigenschaften.

> Eine größere Scheibendicke würde den Schallschutz ebenfalls verbessern, führt aber zu sehr schweren Verglasungen.

[7] Welche Masse in kg hat die Scheibe?

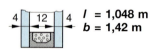
$l = 1{,}048$ m
$b = 1{,}42$ m

$m = A \times t \times m'$
(m' von Glas = 2,5 kg/mm $\times$ m²)
$m = 1{.}048$ m $\times$ 1,42 m $\times$ 4 mm
2,5 kg/mm $\times$ m²
$m = 14{,}88$ kg

1 Werkstofftechnik

[8] Warum muß bei der Bestellung von Mehrscheiben-Isolierglas die Einbauhöhe in m über dem Meeresspiegel angegen werden?

Der Druck der eingeschlossenen Luft entspricht dem des Herstellungsortes. Wird die Scheibe an einem höheren Ort mit geringerem Luftdruck eingebaut, so wölben sich die Scheiben nach außen, ist der Einbauort niedriger, so werden die Scheiben durch den höheren Luftdruck in der Mitte zusammengedrückt.

1.5 Kunststoffe

[1] Nennen Sie Verwendungen von Kunststoffen im Metallbau.

Handlaufüberzüge, Fensterbauprofile, Behälterauskleidungen, Fassadenverkleidungen, Dämm- und Dichtstoffe, Baufolien, Dichtungsmassen u. a.

[2] Aus welchen Stoffen werden Kunststoffe gewonnen?

Synthetische Kunststoffe aus Erdöl, Kohle und Erdgas,
abgewandelte Naturstoffe aus Latex und Cellulose

[3] Unterscheiden Sie die drei wesentlichen Kunststoffgruppen nach ihrer Struktur.

a) Thermoplaste: wenig vernetzt, durch Wärme weich und umformbar
b) Elastomere: wenig Bindungen, gummielastisch, nicht mehr umformbar
c) Duroplaste: stark vernetzt, hart, nicht mehr umformbar

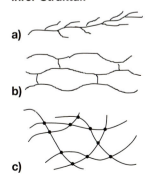

Nach dem Herstellungsprozeß der Kunststoffe unterscheidet man:
Polymerisate = Thermoplaste
Polyaddukte = Elastomere
Polykondensate = Duroplaste

1 Werkstofftechnik

[4] Für welche Kunststoffe stehen die Kurzzeichen?
a) PE d) EP f) PF
b) PVC e) PUR g) MF
c) PTFE

a) PE = Polyethylen
b) PVC = Polyvinylchlorid
c) PTFE = Polytetraflourethylen

Thermoplaste

d) EP = Epoxidharz
e) PUR = Polyurethan

Elastomere

f) PF = Phenoplast
g) MF = Melaminharz

Duroplaste

[5] Wie lassen sich unbekannte Kunststoffe zuordnen?

a) Erwärmen: Thermoplaste werden weich und lassen sich umformen, Duroplaste bleiben hart.
b) mit offener Flamme bearbeiten: Kunststoffhersteller bieten Tabellen mit Erkennungsmerkmalen an, z. B. schwer entflammbar und Karbolgeruch → Phenoplast

[6] Wie lassen sich Bauteile aus Kunststoff herstellen?

a) Pressen, z. B. Fertigteile aus Duroplast
b) Extrudieren, z. B. Rohre aus Thermoplast
c) Spritzgießen, z. B. Fertigteile aus Duroplast
d) Kalandrieren, z. B. Folien aus Thermoplast
e) Schäumen, z. B. Isolierstoffe wie Styrodur

[7] Welche Einflußgrößen sind beim Warmumformen von Thermoplasten zu beachten?

Umformtemperatur
Umformgrad
Umformgeschwindigkeit

→

1 Werkstofftechnik

▷ *Fortsetzung der Antwort* ▷

> Nur wenn diese Einflußgrößen genau aufeinander abgestimmt sind, ist ein gutes Arbeitsergebnis erreichbar.

8 Nennen Sie Schweißverfahren für Kunststoffe.

a) Warmgasschweißen, z. B. für Folien und Platten
b) Heizelement-Stumpfschweißen, z. B. für Rohre
c) Reibschweißen, z. B. für Rohre

9 Benennen und beschreiben Sie das skizzierte Verfahren.

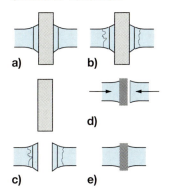

Prinzip des Heizelementschweißens
a) Angleichen der beiden Kunststoffteile
b) Anwärmen
c) Abheben des Heizelements
d) Fügen
e) Abkühlen

> Dieses Verfahren wird auch als „Spiegelschweißen" bezeichnet

10 Wie lassen sich Klebstoffe nach der Verarbeitung unterscheiden?

a) Kalt- oder Warmkleber; nach der Aushärtetemperatur
b) Einkomponenten-Kleber; alle Kleberbestandteile sind in einer Mischung vereinigt
c) Zweikomponenten-Kleber; Klebstoff wird durch Mischen von zwei getrennten Komponenten, Mischer und Kleber, hergestellt

1 Werkstofftechnik

11 Was versteht man beim Kleben unter „Topfzeit"?

Die „Topfzeit" ist die Zeit, während der ein „angerührter" Klebstoff verarbeitet werden kann.

12 Nennen Sie Vorteile des Klebens.

a) niedrige Arbeitstemperaturen
b) keine Gefügeveränderungen
c) es lassen sich unterschiedliche Werkstoffe miteinander verbinden

1.6 Werkstoffprüfung

1 Welche Aufgaben hat die Werkstoffprüfung?

a) Erkennen und Bestimmen der Werkstoffeigenschaften
b) Prüfen des fertigen Werkstücks auf Fehler
c) Feststellen von Schadensursachen an Werkstücken

2 Nennen Sie je zwei zerstörende und zerstörungsfreie Verfahren und ihre Ergebnisse.

a) zerstörende Verfahren: z. B.
 – Zugversuch → Spannungs-Dehnungs-Diagramm
 – Schmiedeprobe → Eignung zum Schmieden
b) zerstörungsfreie Verfahren: z. B.
 – Farbeindringverfahren → Risse und Materialfehler an der Oberfläche
 – Ultraschallprüfung → Risse und Fehler im Werkstoff

3 Wie läßt sich sehr einfach die Stahlart in der Werkstatt bestimmen?

Die Schleiffunkenprobe liefert befriedigende Ergebnisse über den Kohlenstoffgehalt und damit die Stahlart.

> Richtwerte: Je höher der Kohlenstoffgehalt, desto zahlreicher sind die Kohlenstoffexplosionen. Je dunkler der Strahl, desto höher ist der Anteil an Legierungselementen.

1 Werkstofftechnik

[4] Benennen Sie die Werkstattverfahren. Was sagen sie aus?

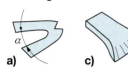
a)   c)

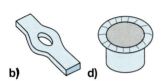
b)   d)

a) Faltprobe → Eignung zum Biegen
b) Aufdornprobe → Eignung zum Lochen
c) Ausbreitprobe → Eignung zum Schmieden
d) Bördelprobe → Eignung zum Bördeln bzw. Falzen

[5] Welche Werkstoffeigenschaft wird mit dieser Versuchsanordnung geprüft?

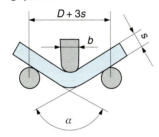

Die Biegeprobe liefert Werte für die Zähigkeit und Dehnbarkeit eines Werkstoffs, z. B. sein Verhalten bei der Kaltumformung.

> Gebogen wird bis zum vereinbarten Winkel α bzw. bis zum ersten Riß auf der Zugseite. So erhält man den zulässigen Biegewinkel z. B. beim Abkanten.

[6] Was sagen die Kennwerte R_e, R_m und ε aus?

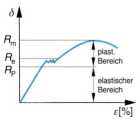

R_e = Elastizitätsgrenze; bis zu dieser Grenze ist der Werkstoff elastisch, wird sie überschritten, bleibt eine Dehnung

R_m = Bruchgrenze; wird diese Grenze überschritten, kann der Werkstoff reißen

ε = Dehnung; Maß für die Längenänderung in % der Ausgangslänge bei einer bestimmten Spannung

1 Werkstofftechnik

[7] Ein Probestab aus Stahl, d = 20 mm, reißt bei F = 165 kN. Wie groß ist die Bruchspannung R_m?

$R_m = F / S$
$S = d^2 \times \pi / 4$
$S = 20^2 \text{ mm}^2 \times \pi / 4$
$S = 314 \text{ mm}^2$
$R_m = 165.000 \text{ N} / 314 \text{ mm}^2$
$= \mathbf{525 \text{ N/mm}^2}$

> Stahlsorte möglicherweise St 52 (S 355J) mit 520 N/mm² Mindestzugfestigkeit

[8] Wie groß ist die Dehnung eines Stabes in %? Ausgangslänge 250 mm, Bruchdehnung 35 mm?

Dehnung ε = (Endlänge – Ausgangslänge) × 100 / Ausgangslänge

$\varepsilon = (285 \text{ mm} - 250 \text{ mm}) \times 100 / 250 \text{ mm} = \mathbf{14\ \%}$

[9] Nach welchem Prinzip arbeitet die Ultraschallprüfung?

Prinzip der Ultraschallprüfung ist die Laufzeitmessung des Schalls im Werkstück.

> Fehler im Werkstückinneren zeigen sich als vorzeitiges Resonanzsignal auf dem Oszilloskop.

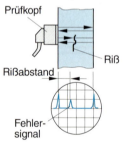

Prüfkopf
Riß
Rißabstand
Fehlersignal

[10] Mit welchen Verfahren werden Schweißnähte auf Risse und Bindefehler untersucht?

– Farbeindringverfahren
– Magnetpulververfahren
– Ultraschallprüfung
– Röntgen der Schweißnähte

[11] Nach welchem Prinzip arbeiten alle Härteprüfverfahren?

Ein Prüfkörper wird in die Werkstückoberfläche eingedrückt. Die Eindringtiefe bzw. der Durchmesser

→

1.7 Wärmebehandlung

1 Nennen Sie drei Glühverfahren und ihre Anwendung.

Normalglühen: gleichmäßiges feines Gefüge herstellen.
Weichglühen: Gehärteten oder kaltverfestigten Stahl wieder „weich" und bearbeitbar machen.
Spannungsarmglühen: Innere Spannungen verringern, die vom Umformen oder Schweißen herrühren.

2 Benennen Sie die Wärmebehandlungsverfahren.

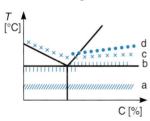

a) Spannungsarmglühen
b) Weichglühen
c) Normalglühen
d) Erwärmen zu Martensithärten

3 Wie läuft das Martensit-Härten eines Meißels aus C90 ab?

a) Erwärmen auf ca. 800 °C (über 723 °C)
b) Abschrecken in Wasser
c) Anlassen auf ca. 200 °C (=Verringern der „Glashärte" auf Gebrauchshärte)

1 Werkstofftechnik

[4] Wovon hängen Umwandlungstemperatur und Abkühlgeschwindigkeit beim Härten ab?

Der Kohlenstoffgehalt des Stahls bestimmt Verfahren und Temperaturen beim Härten.
Stahl ist härtbar bei einem C-Gehalt von ca. 0,8–2,1 %.

> Je geringer der C-Gehalt, desto höher ist die Umwandlungstemperatur und desto schneller muß abgekühlt werden.

[5] Welche Abschreckmittel verwendet man beim Härten?

Eis- bzw. Salzwasser → sehr schroffe Abkühlung
Wasser → normale Abschreckwirkung
Öl → mildes Abschrecken
Preßluft → geringe Abschreckwirkung, nur für Sonderstähle

[6] Welche Vorteile bietet das Oberflächenhärten?

– die Oberfläche wird hart und verschleißfest, der Kern bleibt weich und zäh
– der Verzug ist sehr gering
– es können preiswerte kohlenstoffarme Stähle verwendet werden, deren Oberfläche „aufgekohlt" wird.

[7] Hämmer und Zangen werden „vergütet". Was versteht man darunter?

Vergüten ist ein Martensithärten mit Anlassen auf ca. 400 °C. Die Werkstücke werden dabei zähhart und erhalten eine hohe Festigkeit.

> Vergütungsstähle haben ca. 0,6–0,8 % C und sind meist mit Mangan legiert.

1 Werkstofftechnik

[8] Wie unterscheiden sich Flammhärten und Induktionshärten?

Sie unterscheiden sich nur durch die Art der Erwärmung, beides sind Oberflächen-Härteverfahren.

> Beim Flammhärten wird mit einem Brenner erwärmt und anschließend mit einer Wasserbrause abgekühlt.
> Beim Induktionshärten erwärmt eine Induktionsspule das Werkstück.

[9] Beschreiben Sie das Nitrieren.

Beim Nitrieren wird die Stahloberfläche mit Stickstoff angereichert und so hart und verschleißfest.

[10] Welche Fehler können beim Härten auftreten?

- Härte zu gering oder zu hoch
- Härterisse
- Härteverzug
- weiche Flecken (insb. bei Schmiedeteilen durch Schwefelaufnahme im Feuer)

[11] Was versteht man unter „Aushärten" bei Al-Legierungen?

Aushärten ist ein Anstieg der Festigkeit durch feinverteiltes Legierungsmetall im Aluminiumgefüge.

> Als Legierungsmetall verwendet man meist Kupfer.

[12] Wie läuft das Aushärten von Al-Legierungen ab?

a) Lösungsglühen (100 °C bei 1 % Cu, 500 °C bei 4 % Cu)
b) Abschrecken in Wasser
c) Auslagern (warm bei ca. 150 °C oder kalt bei Raumtemperatur)

[13] Wie läßt sich einer Kaltverfestigung von NE-Metallen vorbeugen?

- möglichst warm umformen
- mit geringen Umformgeschwindigkeiten arbeiten →

▷ *Fortsetzung der Antwort* ▷
- nach dem Spanen oder Umformen weichglühen
- Al und seine Legierungen nach dem Spannungsarmglühen nicht abschrecken.

1.8 Korrosion und Korrosionsschutz

1 Nennen und beschreiben Sie zwei Arten der Korrosion.

Chemische Korrosion tritt auf bei Verbindung von Sauerstoff und Metall → Bildung von Metalloxiden → Zerstörung an der Oberfläche

elektrochemische Korrosion tritt auf bei Paarung unterschiedlicher Metalle und wenn ein Elektrolyt vorhanden ist; das unedlere Metall wird dabei zerstört

2 Nennen Sie Beispiele für chemische und elektrochemische Korrosion im Metallbau.

Chemisch: Rosten von Blankprofilen, Patina auf Kupferblech

elektrochemisch: Rosten einer blanken Stahlschraube in Edelstahlblech, Kupferniet in Aluminiumblech, Stahlspäne auf Edelstahl rostfrei

3 In welchen Formen kann Korrosion auftreten?

Flächenkorrosion
= gleichmäßiger Abtrag

Lochfraßkorrosion
= Abtrag an einzelnen Stellen

Kontaktkorrosion = Zerstörung des unedlen Metalls in einer Verbindung

Interkristalline Korrosion
= Zerstörung
im Werkstoff durch unterschiedliche Legierungsmetalle

4 Warum bezeichnet man Zink auf Eisen als „echtes" Schutzmetall?

Zink steht in der Spannungsreihe der Metalle „über dem Eisen", es ist stärker „elektronegativ". Bei einer Paarung Zink – Eisen wird zuerst das Zink zerstört. →

1 Werkstofftechnik

▷ *Fortsetzung der Antwort* ▷

> Diese Eigenschaft nutzt man beim Feuerverzinken von Stahl. Ein unechtes Schutzmetall wäre Kupfer.

5 Erläutern Sie die Korrosionsprodukte
a) Rost
b) Weißrost
c) Patina
d) Grünspan.

a) Rost: bräunliches schuppiges Metalloxid bei Eisenwerkstoff
b) Weißrost: weißes pulveriges Metalloxid bei Al und Al-Legierungen
c) Patina: braune dichte Schicht auf Cu und Cu-Legierungen
d) Grünspan: grüne poröse Schicht auf Cu und Cu-Legierungen; Ursache: Essigsäure (giftig!)

6 Nennen Sie Möglichkeiten des Korrosionsschutzes.

a) aktiver Korrosionsschutz = Vorbeugen gegen Korrosion
b) passiver Korrosionsschutz = Schutz der Oberfläche vor Stoffen, die Korrosion verursachen

7 Nennen Sie vier Möglichkeiten: „aktiver Korrosionsschutz".

a) Wasser muß ablaufen können
b) Spalte und Schlitze verschließen
c) Be- und Entlüftungsöffnungen vorsehen
d) Kontakt unterschiedlicher Werkstoffe verhindern

8 Nennen Sie vier Möglichkeiten: „passiver Korrosionsschutz".

a) Oberfläche mit Farb- oder Metallbeschichtung versiegeln
b) Fertigungsbeschichtungen anbringen
c) blanke Teile ölen oder fetten
d) Edelstahl rostfrei polieren

9 Nennen Sie Korrosionsschutzmaßnahmen für Kunstschmiedeteile.

a) Schwarzbrennen oder Brünieren
b) Lackieren mit Schmiedelack
c) Stückverzinken
d) Beschichten mit Kunststoff-Farben

1 Werkstofftechnik

10 Was geschieht beim Eloxieren von Aluminium?

Eloxieren = Elektrisch oxidieren. Eine harte korrosionsbeständige Oberflächenschicht bildet sich, wenn das Werkstück als Anode in verdünnter Schwefelsäure oxidiert wird.

11 Welche Verzinkungsverfahren unterscheidet man?

a) Feuerverzinken im flüssigen Zink:
 – Stückverzinken von Bauteilen
 – Durchlaufverzinken von Flachzeug wie z. B. Blechcoils
b) Galvanisches Verzinken

12 Worauf ist bei Feuerverzinken von Metallbauteilen zu achten?

– Hohlräume anbohren
– Zu- und Auslauföffnungen vorsehen
– Schweißnähte reinigen, Farbmarkierungen entfernen
– Sperrige Bauteile in Einzelteile gliedern
– Aufhängebohrungen etc. vorsehen

13 Erklären Sie anhand der Skizze die kathodische Schutzwirkung.

Ist die Zinkschicht beschädigt, so überziehen „wandernde" Zink-Ionen die Schadstelle und stellen den Schutz wieder her.

14 Was ist ein „Duplexsystem"?

Verzinken von Metallbauteilen und nachfolgendes Beschichten mit Kunststoff, z. B. durch Anstriche.

1 Werkstofftechnik

15 Welche Vorteile bietet das Beschichten von Al-Bauteilen gegenüber dem Eloxieren?

– alle Farben sind möglich
– Beschichtungen sind kostengünstig
– Grundwerkstoff muß nicht Eloxalqualität besitzen
– es treten keine Verfärbungen auf

16 Wovon hängt die Korrosionsbeständigkeit rostfreier Stähle ab?

a) von der Werkstoffpaarung (Kontaktkorrosion!)
b) von der vorangehenden Fertigung (Chrommangel durch Schweißen!)
c) von der Oberflächenbeschaffenheit (poliert – rauh)

17 Was geschieht beim Passivieren von Edelstahl rostfrei?

Beizen des Werkstücks in einem Gemisch aus Salpeter- und Flußsäure sowie Wasser. Durch Zusatz von Chromsalzen lassen sich farbige Schichten erzeugen.

> Passivierte Oberflächen von Edelstahl rostfrei sind besonders korrosionsbeständig, wenn sie poliert sind.

2 Umformen

2.1 Biegen von Profilen

1 Von welcher Werkstoffeigenschaft hängt die Biegbarkeit ab?

Der Werkstoff muß sich plastisch verformen lassen, z. B. wie Stahl, Kupfer oder Al-Knetlegierungen. Gußwerkstoffe sind nicht biegbar. Thermoplastische Kunststoffe sind nur im erwärmten Zustand umformbar.

2 Welcher Werkstoffwert ist beim Biegen wichtig?

Zum Biegen (= bleibende Verformung) muß die Elastizitätsgrenze überschritten werden, die Bruchgrenze darf nicht erreicht werden, sonst reißt der Werkstoff.

3 Erklären Sie die Querschnittsveränderungen beim Biegen.

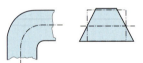

Äußere Faser wird gestreckt → Querschnitt verringert sich
Innere Faser wird gestaucht → Querschnitt verdickt sich
„Neutrale Faser" verändert weder ihre Lage noch ihre Länge.
→ Querschnitt bleibt hier erhalten.

> Die Länge der „Neutralen Faser" kann deshalb zur Berechnung der gestreckten Länge benutzt werden.

4 Wovon ist der Widerstand beim Biegen von Profilen abhängig?

a) von der Profilart: unsymmetrische Profile sind schwieriger als symmetrische zu biegen
b) von der Profillage: „hochkant" ist schwieriger als „flach" biegen
c) vom Werkstoff: je höher die Festigkeit, desto größer der Biegewiderstand →

2 Umformen

▷ *Fortsetzung der Antwort* ▷

d) von der Temperatur: der Biegewiderstand sinkt mit steigender Temperatur

5 Von welchen Größen hängt der Mindestbiegeradius ab?

– Dehnungsvermögen des Werkstoffs
– Werkstückquerschnitt
– Walzrichtung (wichtig bei Blechen)
– Größe des Biegewinkels
– Art des Biegewerkzeugs

6 Wie groß muß a sein, wenn das L-Profil scharfkantig um 90° gebogen werden soll?

Ausklinkung $a \approx$ Schenkeldicke s bei Biegewinkel $\beta = 90°$.

> Je kleiner der Biegewinkel β, desto größer muß die Ausklinkung a sein, damit der Werkstoff nicht gestaucht wird.

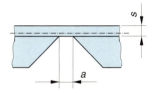

7 Wie lang ist der Zuschnitt für das L-Profil?

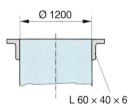

L = Länge der neutralen Faser
L = Umfang an der neutralen Faser
$L = \pi \times (d + 2 \times e_y)$
  e_y für $L\ 60 \times 40 \times 6 = 10{,}1$ mm
$L = \pi \times (1200$ mm $+ 2 \times 10{,}1$ mm$)$
$L = \mathbf{3833\ mm}$

8 Skizzieren Sie den Zuschnitt für das Profil.

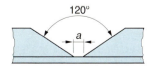
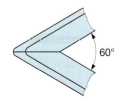

2 Umformen

[9] Welche Vorteile haben hydraulische und mechanische Winkelbieger?

- komplizierte Biegeteile lassen sich schnell und genau biegen
- der Kraftaufwand ist gering
- die Stückzeit ist klein
- die Biegeteile haben eine hohe Wiederholgenauigkeit

[10] Geben Sie mit Ziffern die Reihenfolge der Kantungen für das Hutprofil an.

[11] Wie läßt sich bei Handlaufkrümmlingen aus Flachstahl das „Aufstellen" vermeiden?

Warm biegen **oder** einsägen

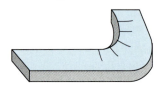

2.2 Rohrbiegen

[1] Welche Möglichkeiten des Rohrbiegens gibt es?

Manuell: im Schraubstock (mit Sandfüllung)

Maschinell:
- Preßbiegen (dickwandige Rohre, kleiner Biegeradius)
- Dornbiegen dünnwandige Rohre, kleiner Biegeradius
- Walzenbiegen (Rohre mit großem Biegeradius)

2 Umformen

[2] Wie läßt sich beim manuellen Biegen das Einknicken zum Oval vermeiden?

– Füllen mit trockenem Sand
– Füllen mit Kolophonium oder Blei und Ausschmelzen
– Eindrehen einer passenden Zugfeder
– Aufspannen eines Feilklobens senkrecht zur Biegerichtung

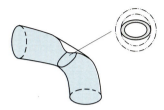

[3] Warum bleibt ein Rohr beim maschinellen Biegen an der Biegestelle rund?

Beim Preßbiegen halten Biegesegmente mit eingearbeiteter Hohlform das Rohr von außen rund, beim Dornbiegen verhindert ein eingeschobener Dorn das Einknicken von innen.

[4] Wo sollte beim Rohrbiegen die Schweißnaht liegen?

Möglichst in der neutralen Zone

[5] Welche Richtwerte gelten beim Rohrbiegen für den Mindestbiegeradius?

Im Schraubstock:
Kaltbiegen: $R_{min} \approx 10 \times d$
Warmbiegen: $R_{min} \approx 2 \times d$
Dornbiegen: $R_{min} \approx 3 \times d$

[6] Wie läßt sich auf der Walzenbiegemaschine eine Rohrschlange biegen?

Gegenhalterwalzen leicht versetzen → Steigung der Schlange
Biegewalze verstellen → Durchmesserveränderung der Schlange

2 Umformen

2.3 Blechumformen

1 Nennen und erläutern Sie Umformverfahren für Feinblech.

Kanten: Biegen mit sehr kleinem Biegeradius
Runden: Herstellen von zylindrischen Hohlkörpern aus Tafeln
Tiefziehen: Herstellen von Hohlkörpern aus Blechronden durch Ziehen in eine Form
Drücken: Herstellen von Hohlkörpern aus Blechronden auf einer rotierenden Form mit einem Drückstab
Bördeln: Herstellen von Borden an Blechformteilen

2 Nennen Sie Arbeitsregeln beim Kanten von Feinblech.

– Mindestbiegeradius beachten
– möglichst schräg zur Walzrichtung kanten
– mit geringer Umformgeschwindigkeit kanten
– Fertigungsbeschichtungen, z. B. Folien, nicht entfernen
– Handschuhe benützen

3 Welche Maschine zeigt die Prinzipskizze?

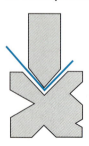

Gesenkbiegepresse
Das Blech liegt frei auf dem Gesenk, der Stempel drückt es in das Prisma und bewirkt die Kantung.

4 Welche Maschine zeigt die Prinzipskizze?

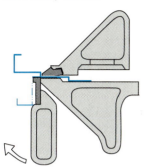

Schwenkbiegemaschine
Das Blech ist zwischen Tisch und Oberwange fest eingespannt, die Unterwange klappt nach oben und formt das Blech um.

5 Wie läßt sich die Verkürzung *v* beim Kanten ermitteln?

a) mit Tabellen (siehe Formelsammlungen)
b) durch Berechnen (siehe Formelsammlungen)
c) mit „Faustformeln":
   für Biegewinkel 90°: $v \approx R/2 + t$
d) durch Probekantungen

6 Wie lang ist der Zuschnitt *L* für die Zarge?

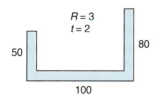

$L = a + b + c - 2 \times v$
$v = R/2 + t$
$v = 3\,\text{mm}/2 + 2\,\text{mm}$
$v = 3,5\,\text{mm}$ (Tabellenwert: 4,1 mm)
$L = 50\,\text{mm} + 100\,\text{mm} + 80\,\text{mm} - 2 \times 3,5\,\text{mm}$
$L = \mathbf{223\,mm}$

7 An welcher Umformmaschine findet man „Klavierbandwangen"?

An Schwenkbiegemaschinen für kleine Werkstücke teilt man Ober- und Biegewange in kleine Segmente (= Klavierbandwangen) um auch kurze Kantungen ausführen zu können.

2 Umformen

[8] Wie läßt sich das Ausbeulen großer Flächen an Blechformteilen vermindern?

– Versteifen durch eingeklebte Rahmen (z. B. bei Kfz-Karosserien)
– Beschichten mit Kunststoff
– Versteifungssicken

[9] Nennen Sie Möglichkeiten der Randversteifung von Blechformteilen.

– Umschläge – Drahteinlagen
– Wulste – Randsicken
– Randabkantungen

[10] Wie lassen sich Borde an Blechrändern herstellen?

Borde an
– geraden Teilen durch Kanten: Werkstoff wird nur gebogen
– Innenradien durch Schweifen: Werkstoff gebogen und gedehnt
– Außenradien durch Einziehen: Werkstoff wird gebogen und gestaucht

[11] Welches Verfahren zeigt die Skizze?

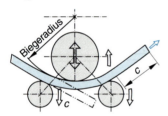

Runden von Blech auf einer Dreiwalzenrundmaschine

> Der Durchmesser läßt sich durch Verstellen der Oberwalze verändern. Das Endstück *c* muß vorgebogen werden.

[12] Beschreiben Sie die Arbeitsgänge zum Aushalsen.

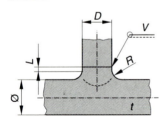

a) Anbohren des Rohres („*d*" siehe Formelsammlungen)
b) Schweifen = Ausbördeln des Randes
c) Anschweißen des Anschlußrohres

13 Welche Aufgaben haben Sicken an Blechformteilen?

– Versteifen der „Fläche" oder des Randes
– Unfallschutz an Rändern
– Vorbereitung zum Fügen
– Erhöhen der Gestaltfestigkeit
– Vergrößern der Oberfläche

14 Wie wird das gekrümmte Z-Profil bearbeitet?

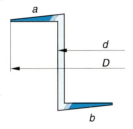

Bereich a: Schweifen → Durchmesser wird größer
Bereich b: Einziehen → Durchmesser wird kleiner

> Dazu verwendet man Hand- oder Maschinenumformer, die neben der senkrechten Schlagbewegung auch das Strecken oder Stauchen übernehmen.

15 Was zeigt die Skizze?

Wölben einer Blechronde, z. B. um einen Behälterboden herzustellen.

2.4 Schmieden

1 Beschreiben Sie anhand der Skizzen Vorteile geschmiedeter Werkstücke.

a) Faserverlauf wird nicht unterbrochen, sondern „umgelenkt"
b) geringerer Werkstoffverlust
c) Gefüge wird verfeinert und verdichtet
d) auch komplizierte Formen sind möglich

> Für das Schmieden im Gesenk gilt zusätzlich:
> – hohe Maß- und Formgenauigkeit erreichbar
> – sehr kurze Fertigungszeiten

2 Umformen

2 Welche Werkstoffe sind schmiedbar?

Alle Metalle und deren Legierungen, die vor dem Schmelzen in einem größeren Temperaturbereich plastisch sind.

3 Geben Sie die Schmiedebereiche an.
a) S235 (St 37)
b) C110
c) X5CrNi18-8

a) 1300–750°C
b) 100–800°C
c) 1200–900°C

> Mit steigendem Kohlenstoffgehalt nimmt die Schmiedbarkeit von Stahl ab.

4 In welchem Bereich tritt beim Schmieden Blaubruch ein?

Blaubruch bei Stahl tritt auf im Bereich von 200–300°C.

> Die Festigkeit steigt hier stark an, die Dehnung nimmt ab.

5 Welche Möglichkeiten der Erwärmung gibt es beim Schmieden?

a) Esse; kohlebefeuert
b) Gasofen
c) Elektro-Ofen

6 Welche Wärmemenge Q in kJ ist notwendig um ein Schmiedestück aus S235 mit m = 5 kg im Gasofen (η = 20%) auf Schmiedetemperatur zu bringen?

$Q = (m \times c \times \Delta T)/\eta$
$\Delta T \approx 1200$ K
$Q = (5\text{ kg} \times 0{,}48\text{ kJ/kg} \times \text{K} \times 1200\text{ K})/0{,}2$
$Q = \mathbf{14.400\text{ kJ}}$

7 Bezeichnen Sie am Amboß die Einzelheiten.

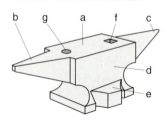

a) Amboßbahn
b) eckiges Horn
c) rundes Horn
d) Amboßstock
e) Voramboß
f) Vierkantloch für Hilfswerkzeuge
g) Rundloch für Hilfswerkzeuge

2 Umformen

⑧ Benennen Sie die Schmiedezangen.

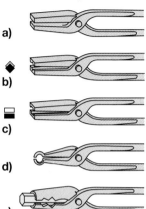

a) Flachmaulzange
b) Quadratmaulzange
c) Kastenzange
d) Nietzange
e) Wolfsmaulzange

⑨ Welche Hämmer verwendet man beim Freiformschmieden?

a) Handhammer – zum Formen der Konturen von Hand
b) Schrothammer – zum Abtrennen von Werkstoff
c) Setzhammer – zum Absetzen scharfer Kanten
d) Zuschlaghammer: Hilfshammer für Amboßwerkzeuge, wie Setzhammer

⑩ Benennen Sie die Amboßwerkzeuge und geben Sie deren Verwendung an.

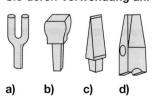

a) b) c) d)

a) Ziehstöckel: z. B. zum Biegen von Stäben
b) Setzstöckel: z. B. zum Absetzen von Stäben
c) Abschrot: zum Trennen von Stäben
d) Gesenk: zum Herstellen von Fertigformen

2 Umformen

11 Geben Sie einen Überblick über Schmiedetechniken.

a) Umformen: Querschnitt oder Gestalt werden verändert, z. B. durch Strecken, Torsieren
b) Trennen: Werkstoffzusammenhang wird aufgehoben, z. B. durch Spalten, Abschroten
c) Fügen: Einzelteile werden verbunden, z. B. durch Feuerschweißen, Bunden

12 Welche Schmiedetechnik wird im einzelnen angewandt?

a) Strecken
b) Ausbreiten
c) Absetzen
d) Stauchen
e) Torsieren
f) Spalten
g) Lochen
h) Feuerschweißen

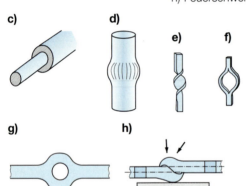

13 Was versteht man beim Schmieden unter Abbrand?

Werkstoffverlust durch mehrmaliges Erwärmen im Feuer.

> Der Abbrand entsteht durch Verzunderung der Werkstückoberfläche und beträgt ca. 1 Volumenprozent pro Erwärmung.

2 Umformen

14 Wie groß muß die Zuschnittlänge für den Stab gewählt werden?

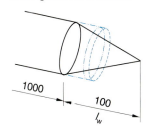

Zuschnittlänge
= Rohlänge + Zuschlag für Abbrand

$l = l_{Roh} + l_Z$
$l_{Roh} = \frac{1}{3} l_w = \frac{1}{3} \cdot 100$ mm
$l_{Roh} = 33$ mm
$l = 33$ mm $\cdot (1 + \frac{5}{100})$
$l \approx 35$ mm

15 Beschreiben Sie anhand der Skizze das Lochen eines Geländergurts.

a) ankörnen
b) ansetzen
c) bis ¾ der Werkstückdicke Lochmeißel eintreiben
d) wenden und von der anderen Seiten durchtreiben
e) aufweiten auf gewünschte Größe auf dem Lochdorn

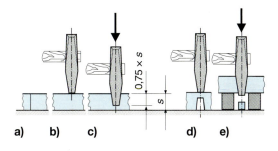

16 Wie erhält man an Schmiedeteilen scharfkantige Ecken?

a) Anstauchen auf Eckquerschnitt
b) Biegen an der Amboßkante oder im Schmiedeschraubstock
c) Ausschmieden der Ecke

2 Umformen

17 Beschreiben Sie das Feuerschweißen von zwei Rundstäben.

a) beide Enden klauenförmig schmieden
b) auf Weißglut im Feuer erwärmen
c) Quarzsand aufstreuen
d) auf der Amboßbahn miteinander verschmieden

18 Wie wird Damaszenerstahl (Schweißdamast) hergestellt?

a) kohlenstoffarmes und kohlenstoffreiches Flacheisen abwechselnd stapeln und zu einem Paket schnüren
b) im Feuer verschweißen
c) zur Erzielung eines Musters falten oder verdrehen
d) Fertigform, z. B. Messer, ausschmieden
e) Oberfläche blankätzen und polieren

19 Was bezeichnet man in der Schmiedekunst als „Ornament"?

Ein Ornament ist eine Werk-Verzierung, deren Form und Gestalt eine Einordnung der Schmiedearbeit in eine bestimmte Periode erlaubt, z. B. Spindelblume an Arbeiten aus der Renaissance, schildförmige Schloßplatten in der Gotik.

2.5 Richten

1 Was sind Ursachen von Verzug
a) bei Halbzeugen
b) bei Werkstücken im Metallbau?

a) Verzug bei Halbzeugen z. B. durch
 – innere Spannungen nach dem Walzen
 – unsachgemäße Lagerung und Transport →

2 Umformen

▷ *Fortsetzung der Antwort* ▷

b) Verzug an Werkstücken z. B. durch
- Spannungen nach Einbringen von Wärme beim Schweißen, Schmieden oder Feuerverzinken
- spanende Bearbeitung
- unsachgemäße Lagerung

[2] Nennen Sie die zwei grundsätzlichen Richtmöglichkeiten.

a) Kaltrichten: Richten durch mechanische Einwirkung, z. B. Strecken, Biegen
b) Warmrichten: Richten durch Wärmewirkung: Prinzip der behinderten Wärmeausdehnung

[3] Wie läßt sich der verzogene T-Stahl mit dem Hammer richten?

Strecken der kurzen Seite mit der Hammerfinne. Der verdrängte Werkstoff „zieht das Profil gerade".

[4] Welches Richtprinzip wird hier angewandt?

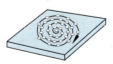

Kaltrichten bzw. Streckrichten: kreisende Hammerschläge strecken die Blechtafel, die Beule wird nach innen gezogen und verschwindet

[5] Warum läßt sich Grauguß nicht richten?

Grauguß ist nicht plastisch verformbar, sondern spröde und bricht beim Umformen.

[6] Welche Regeln gelten beim Warmrichten mit der Flamme?

a) die „zu lange Seite" suchen und erwärmen
b) Wärme rasch einbringen →

2 Umformen

▷ *Fortsetzung der Antwort* ▷
c) möglichst großen Brenner wählen
d) mit hoher Anwärmgeschwindigkeit arbeiten

7 Welche Wärmefiguren sind beim Warmrichten üblich?

Wärmepunkte, -ringe, -ovale, -striche, -straßen, -keile.

8 Tragen Sie die geeignete Wärmefigur an der richtigen Stelle ein, um das Profil wieder gerade zu richten.

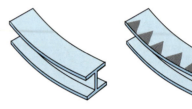

9 Wie kann die Richtwirkung beim Arbeiten mit der Flamme vergrößert werden?

a) Ausnutzen des Eigengewichts des Werkstücks
b) Auflegen von Gewichten um die Verformung zu beschleunigen
c) Arbeiten mit mehreren Brennern gleichzeitig

10 Tragen Sie durch Pfeile die Verformungsrichtung beim Flammrichten ein.

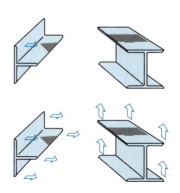

2 Umformen

11 Nennen Sie vorbeugende Maßnahmen gegen Verzug beim Schweißen.

– erst heften, dann durchschweißen
– Wärmestau vermeiden, z. B. durch schweißen von innen nach außen
– Winkelverzug bei ebenen Teilen durch Unterlegen von Rundmaterial ausgleichen
– geringe Nahtdicken und Teilraupen wählen

12 Wo und wie wird erwärmt, wenn das Brückengeländer in der gewünschten Weise durch Formrichten angepaßt werden soll?

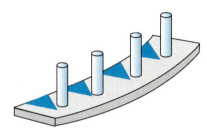

13 Beschreiben Sie das Spannen von Blech durch Flammrichten.

a) Brenner auf Beule halten
b) Wärmepunkt auf die Spitze setzen
c) mit nassem Tuch rasch abkühlen
d) Schrumpfkräfte ziehen die Beule ein

14 Wie richtet man werkstattmäßig
a) Feinbleche
b) Draht?

a) Feinbleche: In der Rollenrichtmaschine oder durch mehrmaliges „Ziehen" über ein glattes Rohr
b) Draht: Ende einspannen und ruckartig ziehen

3 Fügen

3.1 Fügeverfahren

1 Welche Verbindungen sind lösbar, welche unlösbar?

lösbar: Schraub-, Stift-, Keil-, Federverbindungen

unlösbar: Schweiß-, Kleb-, Löt-, Nietverbindungen

> Unlösbare Verbindungen lassen sich nur durch Zerstörung der Verbindungselemente lösen.

2 Wie kann in Verbindungen die Kraftübertragung erfolgen?

formschlüssig: Kräfte werden durch ein zusätzliches Teil übertragen, z. B. Stift

stoffschlüssig: Kräfte werden durch einen „Stoff" übertragen, z. B. Schweißnaht

kraftschlüssig: Kräfte werden durch Reibung übertragen, z. B. bei Klemmverbindungen

3 Geben Sie Art der Verbindung und der Kraftübertragung an.

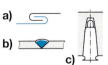

a) Falzverbindung:
   unlösbar – formschlüssig
b) Schweißverbindung:
   unlösbar – stoffschlüssig
c) Haftkegel:
   lösbar – kraftschlüssig

4 Welche Gewinde eignen sich für Befestigungsgewinde?

Gewinde mit kleiner Steigung und großem Flankenwinkel. Die Reibung muß möglichst groß sein.

> Befestigungsschrauben sollen selbsthemmend sein, das heißt, sie sollen sich bei Erschütterungen nicht lockern.

3 Fügen

[5] Welchen Vorteil haben Bolzenverbindungen?

Bolzenverbindungen sind beweglich, z. B. Gelenke an Schmiedezangen, Kurbeltrieben, Scheren.

[6] In welchem Fall eignen sich Stiftverbindungen?

Stiftverbindungen sind lösbar und formschlüssig; üblich, wenn
– Bauteile oft zerlegt werden müssen,
– in ihrer Lage zueinander genau fixiert sein müssen.

3.2 Schraubverbindungen

[1] Nennen Sie Vorteile von Schraubverbindungen.

– Bauteile lassen sich demontieren
– große Konstruktionen lassen sich aus Baugruppen montieren
– Verbindungen können leicht überprüft werden

[2] Nennen Sie sechs verschiedene Schraubenarten.

Sechskantschraube, Sechskant-Paßschraube, Zylinderschraube mit Schlitz, Zylinderschraube mit Innensechskant, Stiftschraube, Hammerschraube

[3] Nennen Sie Kenngrößen von Schrauben.

Art: z. B. Sechskantschraube
DIN-Nr.: z. B. ISO 4014
Durchmesser: z. B. M 10
Länge: z. B. Schaftlänge 60 mm
Festigkeitsklasse: z. B. 8.8

[4] Wie werden Schrauben hergestellt?

rohe Schrauben durch Spanen, hochfeste Schrauben durch Schmieden bzw. Anstauchen des Kopfes und Walzen des Gewindes

3 Fügen

[5] Was gibt die Festigkeitsklasse auf dem Schraubenkopf an?

1. Zahl × 100
   = Mindest-Zugfestigkeit R_m
   hier: $R_m = 8 \times 100 = 800$ N/mm²

1. Zahl × 2. Zahl × 10
   = Mindeststreckgrenze R_e
   hier: $R_e = 8 \times 8 \times 10 = 640$ N/mm²

[6] Entschlüsseln Sie die Schraubenbezeichnung DIN 6914-M12 × 60 - 10.9.

Sechskantschraube mit großer Schlüsselweite (HV-Schraube) nach DIN 6914, Gewinde M 12, Schaftlänge 60 mm, Mindestzugfestigkeit 1000 N/mm², Streckgrenze 900 N/mm²

[7] Wie groß ist die Einschraubtiefe e von Schrauben in
a) Baustahl?
b) Al-Legierungen?
c) Cu-Legierungen?

a) $e \approx$ Gewindedurchmesser
b) $e \approx 2\text{–}2{,}5 \times$ Gewindedurchmesser
c) $e \approx$ Gewindedurchmesser

> Eine zu geringe Einschraublänge könnte zum Gewindeausriß führen.

[8] Was bedeuten die Kürzel bei Schraubverbindungen im Stahlbau?
a) HV
b) SL
c) GVP

a) HV = **H**ochfest **v**orgespannte Schraubverbindung (nur mit HV-Schrauben zulässig)
b) SL = **S**cher-**L**ochleibungsverbindung (kein Vorspannen der Verbindung)
c) GVP = **G**leitfest **v**orgespannte Verbindung mit **P**aßschraube
Bauteile werden mit HV-Schrauben gleitfest verschraubt

[9] Wie erkennt man HV-Schraubverbindungen?

HV-Schrauben haben
– eine größere Schlüsselweite als gleich große rohe Schrauben
– tragen den Aufdruck „HV" am Kopf →

3 Fügen

▷ *Fortsetzung der Antwort* ▷ — in der Verbindung Scheiben an Mutter- <u>und</u> Kopfseite

10 Wie werden HV-Schrauben angezogen?

– Drehmomentverfahren
– Drehimpulsverfahren
– Drehwinkelverfahren

11 Wie werden HV-Verbindungen im Stahlbau geprüft?

An ca. 5 % aller Verbindungen wird mit einem Drehmomentschlüssel das Anzugsmoment überprüft.

> Ergeben sich Beanstandungen, so müssen <u>alle</u> Schrauben nachgezogen werden.

12 Warum lockern sich Schraubverbindungen?

– Vorspannung läßt nach
– Schraube dehnt sich, Bauteile „setzen sich"
– Erschütterungen
– Gewinde ist nicht selbsthemmend

13 Wie läßt sich das Lockern einer Schraubverbindung vermeiden?

Schraubensicherungen vermeiden ein Lockern der Verbindung.

> Möglichkeiten:
>
> Erhöhen der Reibung z. B. durch Kontermutter, Fächerscheibe, Zahnscheibe, Federring.
>
> Formschlüssige Sicherung durch z. B. Kronenmutter mit Splint, Sicherungsblech.
>
> Herstellen von Stoffschluß, z. B. durch Schweißmutter

3 Fügen

14 Welchen Zweck haben die Scheiben?

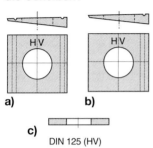

a) Scheibe zum Ausgleich der Neigung bei U-Profilen

b) Scheibe zum Ausgleich der Neigung von *I*-Profilen

c) Scheibe für HV-Verbindungen (an Mutter- und Kopfseite)

15 Welche Vorteile haben Drehmomentschlüssel?

Vorspann- und Klemmkraft lassen sich genau einstellen. Eine Überbeanspruchung der Schraube wird vermieden.

16 Wie läßt sich die Tragfähigkeit *F* der Schraube DIN 4014 M 12 - 8.8 ermitteln?

a) aus Tabellen:
   F = **54 kN** (an der Streckgrenze)

b) durch Berechnung:
   F = Querschnitt × Streckgrenze
   $F = 84{,}3 \text{ mm}^2 \times 640 \text{ N/m}^2$
   (Querschnitt = Tabellenwert)
   F = **53,9 kN**

17 Wie lassen sich festsitzende Schraubverbindungen lösen?

– Besprühen mit Kriechöl (Rostlöser)
– Erwärmen mit der Flamme
– Erschütterungen
– Ausbohren der Schraube

18 Wo verwendet man Schneidschrauben?

An dünnen Bauteilen, z. B. Blechen oder bei „weichen" Werkstoffen, z. B. Kupfer

3.3 Falz- und Druckfügeverbindungen

[1] Nennen Sie Vorteile von Falzverbindungen?

- kein Verzug wie z. B. beim Löten oder Schweißen
- keine teuren Bauelemente wie Blechschrauben
- auch beschichtete Bleche können verbunden werden
- Falze können Gestaltungsmittel sein

[2] Welche Falzarten unterscheidet man?

Unterscheidung nach
a) dem Umschlag: einfache und doppelte Falze
b) der Lage: Liege- und Stehfalz
c) der Verwendung: Rohr-, Mantel-, Schnapp-, Eckfalz

[3] Benennen Sie die Falzarten.

a)

b)

c)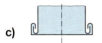

a) liegender Zargenfalz, nach innen durchgesetzt
b) Doppelfalz
c) stehender Bodenfalz

[4] Beschreiben Sie das Herstellen einer Falzverbindung.

a) Kanten der Blechränder
b) Einhaken der Kantungen
c) Zusammenschlagen und durchsetzen des Falzes

[5] Wie wird die Zugabe z beim Falzen bestimmt?

Einfacher Falz: $z = 3 \times$ Falzbreite b
Doppelter Falz: $z = 5 \times$ Falzbreite b
Falzbreite $b \approx 10 \times$ Blechdicke

3 Fügen

[6] Beschreiben Sie die Herstellung des stehenden Falzes.

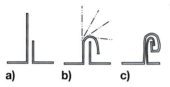

a) Ankanten der Bleche (1 × Falzbreite zugeben)
b) Umlegen des längeren Schenkels
c) Umlegen des einfachen Falzes zum doppelten Falz

[7] Welche Vorteile bietet der skizzierte Falz?

Amerikanischer Eckfalz bzw. Pittsburg-Falz; besonders geeignet an Ecken von gekrümmten Vierkantrohren

[8] Wie lassen sich Falze abdichten?

a) Beilegen von Dichtstreifen
b) Zulöten des Falzes

[9] Beschreiben Sie anhand der Skizze das Druckfügen.

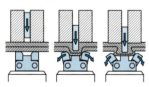

In die beiden Bleche wird ein kleiner Steg gedrückt, der Werkstoff wird nicht getrennt, sondern nach außen gestaucht und stellt eine formschlüssige Verbindung her.

[10] Welche Vorteile haben Druckfügeverbindungen?

– kurze Fertigungszeit
– auch ohne Fachkenntnisse herzustellen
– einfache Maschinen und Werkzeuge
– formschlüssig und dicht

3.4 Nietverbindungen

1 Wie „wirken" Nietverbindungen?

Sie sind unlösbar und wirken durch Formschluß, beim Warmnieten zusätzlich durch Kraftschluß.

> Warm genietet wird ab 9 mm Nietdurchmesser oder wenn die Verbindung dicht sein muß.

2 Nennen Sie Nietarten.

Halbrund-, Senk-, Linsenkopf-, Flachrund-, Hohl-, Blindniet.

3 Welche Nietverbindungen sind skizziert?

a)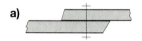

b)

c)

d)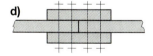

a) Überlappungsnietung, einreihig
b) Überlappungsnietung, zweireihig
c) einfache Laschennietung, einreihig
d) Doppellaschennietung, zweireihig

4 Beschreiben Sie Herstellung einer Nietverbindung.

- Niet auswählen und passend ablängen (Faustformel oder Tabellenwert),
- Teile gemeinsam bohren, evtl. aufreiben,
- Niet einführen und mit Nietzieher zusammenpressen,
- Schaft anstauchen und Kopf vorformen,
- mit Kopfmacher fertigformen.

3 Fügen

⑤ Was ist bei der Auswahl des Nietwerkstoffs zu beachten?

– Festigkeit des Niets muß geringer als die der Bauteile sein, weil durch Verformung die Festigkeit steigt.
– Niet- und Bauteil aus gleichem Werkstoff vermeidet elektrochemische Korrosion.

⑥ Beschreiben Sie das Herstellen der Blindnietverbindung.

– Niet mit festsitzendem Dorn einseitig einschieben,
– Dorn mit einer Zange in die Hülse ziehen,
– nach dem Formen des Schließkopfes reißt der Dorn ab.

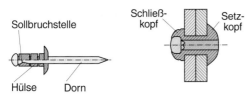

Sollbruchstelle
Hülse   Dorn
Schließkopf   Setzkopf

⑦ Nennen Sie Fehler beim Nieten und deren Folgen.

Niet zu kurz → Kopf zu klein
Niet zu lang → Kopf mit Bund
Bleche versetzt → Schließkopfversatz
Bohrung zu groß → Schaft krumm
Grat zwischen den Blechen → Bleche nicht aufliegend

⑧ Was ist „Taumelnieten"?

Das Schlagwerkzeug = Döpper dreht sich und formt gleichzeitig durch kleine Schläge den Kopf.

⑨ Beschreiben Sie das skizzierte Verfahren.

In die Bohrung des geschlitzten Hohlniets wird ein Kerbstift eingeschlagen und stellt den Anpreßdruck gegenüber den Blechen her.

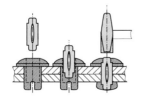

3.5 Schweißverbindungen

[1] Wie unterscheiden sich Schmelz- und Preßschweißen?

Schmelzschweißen: Die Bauteile sind an der Fügestelle flüssig, das Material „fließt" zusammen.
Preßschweißen: Die Bauteile sind an der Fügestelle teigig und werden mit Druck zusammengepreßt.

[2] Wie unterscheiden sich Gasschmelz- und Elektro-Schweißverfahren?

Die notwendige Energie wird gewonnen
– beim Gasschmelz-Schweißen durch Verbrennung von Acetylen und Sauerstoff,
– beim Elektroschweißen durch die Wärme im elektrischen Lichtbogen.

[3] Was bedeutet „Auftragschweißen"?

Ein Grundwerkstoff erhält durch Aufschweißen eine Deckschicht, z. B. um ihn verschleißfest zu machen.

[4] Welche Stoßarten sind skizziert?

a)

b)

c)

a) Stumpfstoß
b) T-Stoß
c) Schrägstoß
d) Eckstoß
e) Mehrfachstoß
f) Überlappstoß

> Die Stoßart bestimmt meist die Nahtart.

d)   e)   f)

3 Fügen

5 Welche Nahtarten sind skizziert?

a) ‿ b) || c) ∨

d) ◁ e) ○ f) ⌒

a) Bördelnaht (bis $t = 1{,}5$ mm)
b) I-Naht (bis $t = 3$ mm)
c) V-Naht (bis $t = 12$ mm)
d) Kehlnaht
e) Punktnaht
f) Auftragsnaht

6 Wie groß ist bei Kehlnähten das „*a*"-Maß?

„*a*"-Maß $\approx 0{,}7$ mm × dünnste Blechdicke (gilt bis 15 mm Blechdicke)

7 Auf welche Schweißpositionen weisen die Buchstaben w, h, ü, q, s und f hin?

w = Wannenposition,
h = horizontal,
ü = überkopf,
q = quer,
s = steigend,
f = fallend.

> Anzustreben ist die Position waagerecht, da hier die möglichen Schweißfehler minimal sind.

8 In welcher Form liegt beim Schweißen der Zusatzwerkstoff vor?

Zusatzwerkstoff als
– stromdurchflossene Elektrode, z. B. beim MAG-Schweißen
– stromloser Schweißstab, z. B. beim WIG-Schweißen

3.6 Gasschmelzschweißen

1 Woraus besteht eine mobile Gasschmelz-Schweißanlage?

Brenngas-Flasche mit Acetylen, Sauerstoff-Flasche, Schlauchpaket mit Injektorbrenner, Sicherheits- und Schutzeinrichtungen

2 Beschreiben Sie eine Sauerstoff-Flasche.

Farbe blau, Anschluß R 3/4; Volumen 40 *l* und 150 bar Fülldruck bzw. 50 *l* und 200 bar Fülldruck, blaue Schläuche

3 Fügen

[3] Beschreiben Sie eine Acetylenflasche.

Farbe gelb, Anschluß mit Spannbügel, Volumen ca. 6000 l bei 18 bar Fülldruck, Füllung mit Aceton und poröser Masse, rote Schläuche

[4] Welchen Zweck haben Aceton und poröse Masse in der Acetylenflasche?

Sie binden und lösen das Acetylen, weil dieses Gas bei 2 bar Druck explosionsartig zerfallen kann.

> Die Normalflasche enthält 13 l Aceton, wobei 1 l Aceton 25 l Acetylen pro bar Druck bindet.
> $13 \times 25\,l/\text{bar} \times 18\,\text{bar} \approx 6000\,l$.

[5] Nennen Sie Unfallverhütungsmaßnahmen an Gas-Schweißanlagen.

– Sauerstoffarmaturen nicht fetten
– Flaschen stehend lagern und sichern
– Flammenrückschlagsicherungen einbauen
– Flaschen vor Sonnenbestrahlung schützen
– Schutzkleidung und Schutzbrille tragen

[6] In welcher Reihenfolge nimmt man eine Gasschmelzschweißanlage in Betrieb?

– Flaschenventile langsam öffnen
– Drücke an den Flaschenmanometern einstellen
– Sauerstoffventil am Brenner öffnen
– Acetylenventil am Brenner öffnen
– Zünden
– Flamme einstellen

> Abstellen in umgekehrter Reihenfolge, weil es sonst zum Flammenrückschlag kommen kann.

[7] Wie funktioniert ein Injektorbrenner?

Sauerstoff strömt mit hoher Geschwindigkeit aus, reißt das Brenngas an der Düsenöffnung mit und vermischt sich intensiv mit ihm.

3 Fügen

8 Welche Flamme ist jeweils eingestellt?

a)

b)

c)

a) neutrale Flamme für normale Schweißarbeiten an Stahl
b) Flamme mit Acetylenüberschuß zum Schweißen von Grauguß und Aluminium
c) Flamme mit Sauerstoffüberschuß zum Schweißen von Messing

9 Wie hoch sind die Arbeitsdrücke am Brenner?

Sauerstoff ≈ 2,5 bar
Acetylen ≈ 0,3–0,6 bar

10 Wann spricht man von „harter" bzw. „weicher" Flamme?

hohe Ausströmgeschwindigkeit → harte Flamme, große Wärmemenge an der Schweißstelle

kleine Ausströmgeschwindigkeit → weiche Flamme, geringe Wärmemenge an der Schweißstelle

11 Welche Schweißrichtungen sind dargestellt?

a) Nach-Links-Schweißen: für dünne Bleche und geringen Wärmeenergiebedarf
b) Nach-Rechts-Schweißen: für dicke Bleche und hohen Wärmeenergiebedarf

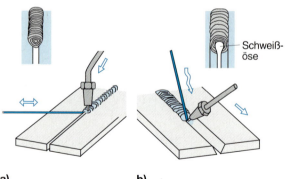

a)   b)

3 Fügen

[12] Wieviel Gas darf einer Acetylenflasche entnommen werden?

Dauerbetrieb: 500 l/h, kurzzeitig 1000 l/h
Regel: 100 l/h und 1 mm Blechdicke

[13] Wieviel Sauerstoff wurde verbraucht, wenn der Druck am Flaschenmanometer um 40 bar fiel?

Sauerstoffverbrauch
$$= \frac{\text{Flaschenvolumen} \times \text{Druckunterschied}}{1\,\text{bar}}$$
$\triangle V = 50\,l \times 40\,\text{bar}/1\,\text{bar}$
$\triangle V = \mathbf{2000\,l}$

[14] Welchen Zweck hat das Heften?

Heften fixiert die Bauteile, vermindert Schrumpfungen und große Restspannungen in der Konstruktion.

[15] Beschreiben Sie Fehler und Abhilfe.

a) b)

c)

a) Überwölbung: z. B. Schweißgeschwindigkeit zu niedrig, zuviel Schweißgut zugeführt

b) Einbrandkerben: z. B. zu wenig Schweißgut, falsches „Rühren"

c) Schlackeneinschlüsse: z. B. ungünstige Flammenführung, Nach-Links geschweißt

[16] Wie werden Schweißnähte geprüft?

a) Sichtprüfung auf Risse etc.
b) Farbeindringverfahren
c) Durchstrahlungsprüfung mit Röntgenstrahlen
d) Kerbschlagprüfung (zerstörend!)

3.7 Lichtbogen-Handschweißen

[1] Woraus besteht eine Lichtbogen-Hand-Schweißanlage?

Schweißmaschine, Schweißkabel, Zange mit Elektrode und Lichtbogen, Massekabel

[2] Nennen Sie Schweißmaschinen und ihre Stromarten.

Umformer → Gleichstrom
Gleichrichter → Gleichstrom
Transformator → Wechselstrom
Inverter → Wechselstrom

3 Fügen

[3] Skizzieren Sie das Prinzip eines Umformers.

Ein Dreiphasen-Wechselstrommotor treibt einen Gleichstrommotor an. Stromstärken bis 1000 A möglich.

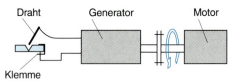

[4] Skizzieren und beschreiben Sie das Prinzip eines Schweißtransformators.

Fließt ein Strom durch die Primärwicklung, so wird im Eisenkern ein Magnetfeld erzeugt. Dieses induziert in der Sekundärspule einen Wechselstrom von hoher Stromstärke und niedriger Spannung.

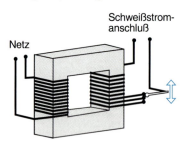

[5] Was bedeutet die Angabe: HSB = 60 %?

HSB = **H**and-**S**chweiß-**B**etrieb
Während der Abschmelzzeit einer Elektrode (= 5 min) kann die Stromstärke an der Schweißmaschine 60 % der Zeit (= 3 min) höher als im Dauerbetrieb (= DB) eingestellt werden.
Beispiel: DB = 100 %, I = 170 A
 HSB = 35 %, I = 250 A

[6] Was ist ein Lichtbogen?

Lichtbogen = ionisierte Luftstrecke von hoher Temperatur – bis 4000 °C – zwischen Elektrode (= Anode) und Werkstück (= Katode).

3 Fügen

[7] Mit welchen elektrischen Größen arbeitet man beim Lichtbogenschweißen?

Stromstärke $I \approx 30 - 40 \times$ Elektrodenkerndurchmesser
Spannung $U \approx 10 - 60$ Volt
Widerstand in den Anschlußkabel: möglichst gering

> Schweißstromkabel müssen kurz und aus Kupfer sein und einen großen Querschnitt besitzen; üblich sind 70 mm² bei 300 A Schweißstrom.

[8] Was versteht man unter „Blaswirkung"?

Blaswirkung ist die Ablenkung des Lichtbogens beim Schweißen durch Magnetfelder – hin zur „großen Masse".

[9] Nennen Sie Möglichkeiten zur Verringerung der Blaswirkung.

– Lichtbogen kurz halten
– Masseanschluß verlegen
– Bauteile heften
– mit Wechselstrom schweißen

[10] Interpretieren Sie die beiden Kennlinien.

a) steile Kennlinie → Schweißvorgang wird durch den Elektrodenabstand wenig beeinflußt, Stromstärke bleibt stabil
b) flache Kennlinie → Elektrodenabstand verändert den Schweißstrom sehr stark, wichtig für die „innere Regelung" bei Schutzgas-Schweißgeräten

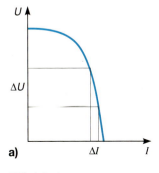
a)

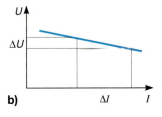
b)

3 Fügen

[11] Welche Aufgabe hat die Umhüllung einer Schweißelektrode?

– Lichtbogen stabilisieren
– Schutzgasmantel gegen die Luft bilden
– Schmelze auf der Naht bilden
– Wärme in der Naht halten
– Abschmelzleistung erhöhen
– Legierungselemente in die Naht einbringen

[12] Nennen Sie Elektrodentypen und ihre Abkürzungen.

– rutil (R oder RR)
– basisch (B)
– sauer (A)
– Cellulose (C)
– Mischtypen, wie rutilsauer (AR)

[13] Entschlüsseln Sie die Normbezeichnung.
a) EN 499-E 46 3 1Ni B
b) EN 499-E 38 0 RC 11

Stabelektrode nach DIN EN 499
a)   b)
E   : E   umhüllt
46 : 38   Kennziffer für Festigkeit und Bruchdehnung
3   : 0   Kennziffer für Kerbschlagarbeit
1Ni : –   chemische Zusammensetzung
B   : RC   Umhüllung: basisch bzw. Rutil-Cellulose

[14] Wie läßt sich der Elektrodenverbrauch berechnen?

Elektrodenverbrauch wird mit Tabellen berechnet.

z. B. Kehlnaht: $a = 4$ mm, $l = 6$ m $\rightarrow$ $m = 147$ g/m

Elektrode $d = 4$ mm, $l = 450$ mm $\rightarrow$ $m_{El} = 37$ g

Anzahl n der Elektroden
$= (147 \text{ g/m} \times 6 \text{ m}) : 37 \text{ g} \approx \mathbf{24}$

[15] Welchen Zweck hat das Vorwärmen beim Schweißen?

Bei hochlegierten Stählen wird der Verzug gemindert, Schweißspannungen und Härterisse werden vermieden.

3 Fügen

16 Beschreiben Sie Schweißfehler und Abhilfe.

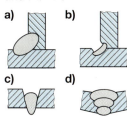

a) Wölbnaht: Schweißstrom erhöhen
b) Einbrandkerbe: Schweißstrom senken
c) Wurzeldurchfall: in mehreren Lagen schweißen
d) Winkelschrumpfung: Bleche durch Unterlagen an der Schweißstelle höher legen

17 Nennen Sie Unfallverhütungsvorschriften beim Lichtbogenhandschweißen.

– Schutzkleidung tragen
– Augen vor UV-Licht schützen
– Schweißkabel nicht um den Körper legen
– Schweißanlage nicht selbst reparieren
– Schweißgase absaugen
– nicht mit mehreren Transformatoren an einer Konstruktion schweißen

18 Beschreiben Sie das Unter-Pulver-Schweißen (UP).

UP-Schweißen = automatisiertes Schweißen mit blanker Drahtelektrode und pulverförmigem Schweißzusatz, der die Naht bis zum Erkalten abdeckt.

19 Welche Vorteile bietet das UP-Schweißen?

– für lange gerade Nähte in w- oder h-Position
– überschüssiges Pulver wird nach dem Erkalten abgesaugt und wieder verwendet
– Nähte sind sehr feinschuppig und gleichmäßig

3 Fügen

20 Was ist bei der Gestaltung von Schweißverbindungen allgemein zu beachten?

– Nahtanhäufungen vermeiden
– für ungestörten Kraftfluß in der Konstruktion sorgen
– lieber viele dünne Nähte als wenige dicke
– Längs- und Winkelschrumpfungen berücksichtigen
– erst heften, dann schweißen.

21 Welches Verfahren ist schematisch dargestellt?

Bolzenschweißen mit Hubzündung, nach dem Anheben brennt der Lichtbogen zwischen Bolzenquerschnitt und Werkstück.

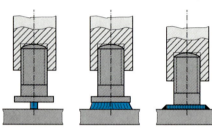

3.8 Schutzgas-Schweißen

1 Nennen Sie Schutzgas-Schweißverfahren.

a) **MAG**-Schweißen
   (= **M**etall-**A**ktiv-**G**as-Schweißen)
b) **MIG**-Schweißen
   (= **M**etall-**I**nert-**G**as-Schweißen)
c) **WIG**-Schweißen
   (= **W**olfram-**I**nert-**G**as-Schweißen)
d) **WP**-Schweißen
   (= **W**olfram-**P**lasma-Schweißen)

2 Wie unterscheiden sich aktive von inerten Gasen?

Aktive Gase beeinflussen das Schmelzbad, z. B. Kohlendioxid oder Mischgase.
Inerte Gase nehmen am Schmelzprozeß nicht teil, z. B. Argon oder Helium.

3 Fügen

|3| Woraus besteht eine MAG-Schweißanlage?

Schweißmaschine, meist Gleichrichter oder Umformer, Drahtspule mit Vorschubeinrichtung, Schlauchpaket mit Gas- oder Wasserkühlung, Handschweißbrenner („Schweißpistole"), Massekabel

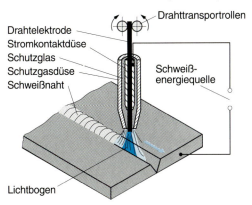

|4| Welche Vorteile bietet das MAG-Schweißen gegenüber dem Lichtbogen-Handschweißen?

– hohe Abschmelzleistung (bis 5 kg/h)
– individuelle Gasgemische sind möglich
– billige Drahtelektroden auf Spulen
– Verfahren ist automatisierbar
– sehr gut für Zwangslagen geeignet

|5| Nennen Sie Anwendungen für Schutzgasschweißen.

MAG: Baustähle, Kesselbau- und Rohrstähle
MIG: niedrig- und hochlegierte Stähle, Al, NE-Metalle
WIG: Aluminium, Cu, hochlegierte Stähle

|6| Welche Schutzgase sind beim Schutzgasschweißen üblich?

R: Reduzierende Gase → WIG
I: Inerte Mischgase: WIG → MIG
M: oxidierende Mischgase → MAG
C: stark oxidierende Gase → MAG

3 Fügen

[7] Welche Aufgaben haben Formiergase?

Sie schützen den Wurzelbereich vor Zutritt von Luftsauerstoff.

> Formiergase sind „Schutzgase für die Nahtwurzel" und besonders im Rohrleitungsbau üblich.

[8] Warum müssen Schutzgas-Schweißgeräte flache Kennlinien besitzen?

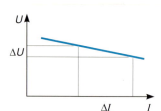

Da der Drahtvorschub konstant ist, führen kleine Spannungsschwankungen durch Veränderung des Abstands zu großen Änderungen der Stromstärke.

> Flache Kennlinien bewirken eine „innere Regelung" des Schweißprozesses.

[9] Was bewirkt ein Impulslichtbogen?

Die Stromstärke schwankt beim Tropfenübergang zwischen 0 und 400 A → der Tropfenübergang läßt sich gut steuern, die Naht wird sehr feinschuppig.

[10] Warum ist die Drahtelektrode verkupfert?

Die Verkupferung schützt die aufgespulte Drahtelektrode vor Korrosion.

[11] Was könnten Ursachen für den Schweißfehler sein?

Poren bilden sich
- bei starker Luftbewegung an der Schweißstelle,
- zu geringer Schutzgasmenge,
- falscher Brennerhaltung,
- Rost, Zunder oder Fett an der Schweißstelle.

3 Fügen

12 Was kennzeichnet das WIG-Schweißen?

Der Lichtbogen brennt zwischen der nicht abschmelzenden Wolframelektrode und dem Werkstück; Schweißzusatz von Hand mit einem Schweißstab.

13 Welche Fehler lassen sich an der Wolframspitze erkennen?

a) Stromstärke zu niedrig
b) Stromstärke zu hoch

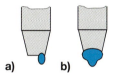
a)   b)

14 Wie hoch ist die Standzeit einer Wolframelektrode?

ca. 40 Schweißstunden

> Die Standzeit hängt sehr vom handwerklichen Geschick und der Sorgfalt des Schweißers ab.

15 Wie wird die Schweißtemperatur beim WP-Schweißen erzeugt?

Die Schweißtemperatur liefert ein gebündeltes Wasserstoffplasma, das mit einem schützenden Gasmantel umgeben ist.

16 Was sind beim Schweißen „Schwarz-Weiß-Verbindungen"?

Verbindungen zwischen unlegierten und hochlegierten Stählen, z. B. äußere Versteifungsrippen aus Baustahl an einem Lebensmittelbehälter aus „Edelstahl Rostfrei"

17 Entschlüsseln Sie die Bemaßung.

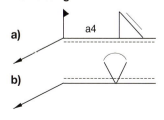

a) Kehlnaht mit a = 4 mm flach, an der Bezugsseite auf der Baustelle geschweißt
b) HV-Naht – Wölbung zulässig – auf der Gegenseite geschweißt

3 Fügen

3.9 Preßschweißen

1 Nennen Sie vier Preßschweißverfahren.

– Feuerschweißen
– Punktschweißen
– Rollnahtschweißen
– Abbrenn-Stumpfschweißen

2 Beschreiben Sie anhand der Skizze das Punktschweißen.

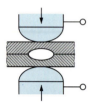

Durch die beiden Elektroden und die Bleche fließt Strom mit hoher Stromstärke. Durch den Übergangswiderstand an den Blechen bildet sich eine Schweißlinse, die beiden Elektroden drücken die Bleche zusammen und verschweißen sie.

3 Wie hoch sind die Ströme beim Punktschweißen?

Beim Erreichen des Maximaldrucks kurzzeitig bis 100.000 A
(Spannung U meist < 1 V)

4 Warum ist Punktschweißen für Bleche üblich?

– kurze Schweißzeit (wenige Sekunden)
– kein Schmelzbad an der Oberfläche
– Verfahren ist automatisierbar (z. B. robotergeführte Punktschweißzangen im Automobilbau)

5 Was ist für gute Arbeitsergebnisse beim Preßschweißen wichtig?

– Oberflächen frei von Fett, Öl, Zunder
– Dickenverhältnis nicht über 1:3
– genaues Einstellen von Schweißstrom, Schweißzeit und Elektrodendruck

6 Welche Vorteile hat Rollnahtschweißen, wo wird es angewandt?

Dichte Nähte ohne Aufschmelzen der Oberfläche;
üblich bei Konstruktionen aus Fein-

→

▷ *Fortsetzung der Antwort* ▷ blech, z. B. Plattenheizkörper, Kfz-Tanks, Wärmetauscher

7 Was zeigt die Skizze?

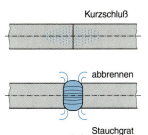

Prinzip des Abbrenn-Stumpfschweißens

a) zusammenpressen der Werkstücke, Strom fließt
b) kurz auseinanderziehen, Lichtbogen „ziehen"
c) zusammenstauchen

3.10 Maschinenelemente

1 Was unterscheidet Wellen von Achsen?

Wellen übertragen Drehmomente und werden auf Verdrehung beansprucht.
Achsen werden nur auf Biegung beansprucht.

> Bei Fahrrädern ist die Hinterradnabe Welle, die Vorderradnabe Achse.

2 Welche Aufgaben haben Kupplungen und Getriebe?

Kupplungen erlauben die Trennung von Antrieb und Anlage, z. B. die Trennung von Motor und Getriebe beim Kfz.
Getriebe ändern Drehzahl und Drehmoment.

3 Fügen

3 Welche Maschinenelemente werden zur Drehmomentänderung eingesetzt?

Zahnräder, Kettentriebe: formschlüssig, für große Momente
Kegel-, Riementriebe: reibschlüssig, für kleine Momente

4 Welche Aufgaben haben Wellen-Naben-Verbindungen?

Übertragen von Drehmomenten und von Kräften

5 Nennen Sie Wellen-Naben-Verbindungen.

Paßfeder-, Scheibenfeder-, Keilwellen-, Polygonverbindung, Längs- und Querpreßsitz.

6 Wie lassen sich bei Preßsitzen Innenteile kühlen oder Außenteile erwärmen?

Innenteile kühlen mit CO_2-Schnee oder flüssigem Stickstoff (Verbindung durch Dehnen)
Außenteile erwärmen im Ölbad oder im Elektroofen (Aufschrumpfen)

> Gehärtete Teile wie Wälzlager sind zum Aufschrumpfen nicht geeignet, weil sie ihre Härte verlieren würden.

7 Wo nutzt man die Haftreibung beim Kegelsitz?

Bohrer über 10 mm haften in der Spindel, wenn das Kegelverhältnis $\leq 1:20$ ist.

4 Trennen

4.1 Scheren

[1] Welche Verfahren unterscheidet man beim Scheren?

Abschneiden, ausklinken, beschneiden, einschneiden, kreisschneiden, lochschneiden

[2] Welcher Werkstoffkennwert ist beim Scheren entscheidend?

Scherfestigkeit τ_{aB} des Werkstoffs muß überwunden werden.

> Stahl:
> τ_{aB}: ≈ 0,8 × Zugfestigkeit R_m,
> d. h. für Baustahl S 235 (St 37) beträgt die Scherfestigkeit
> τ_{aB}: ≈ 0,8 × 370 N/mm²
> ≈ 300 N/mm²

[3] Beschreiben Sie anhand der Skizze den Schervorgang.

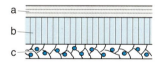

a) Einkerben und Stauchen: Werkstoff wird plastisch verformt
b) Scherzone: glatte Schnittfläche, Werkstoff fließt
c) Trenn- oder Bruchfläche: Werkstoff bricht

> Grat an den Blechen sofort entfernen! Verletzungsgefahr!

[4] Beschreiben Sie die Skizze.

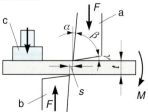

a) Obermesser α = Freiwinkel
b) Untermesser β = Keilwinkel
c) Niederhalter γ = Spanwinkel
t = Werkstückdicke
s = Schneidspalt

> M = Kippmoment = $F \times s$
> (verursacht das Hochklappen des Blechs)

4 Trennen

5 Welche Bedeutung hat der Schneidspalt *s*?

Der Schneidspalt *s* sollte möglichst klein sein, sonst wird der Werkstoff nicht getrennt, sondern in den Spalt hineingezogen.

> S235 (St 37) : $s \approx 0{,}1 \times$ Blechdicke t
> Edelstahl rostfrei: $s \approx 0{,}1 \times$ Blechdicke t
> oder: $s \approx 10...20\ \%$ der Blechdicke t

6 Erklären Sie an den Skizzen „Trennschnitt" und „ziehenden Schnitt".

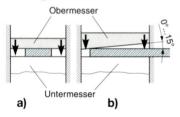

a) Trennschnitt: große Krafteinwirkung, schlagartiges Trennen auf der ganzen Schnittlänge, kurzer Hub, keine Werkstückverformung, für kleine Schnittkantenlängen

b) ziehender Schnitt: kleine Schnittkraft, allmähliches Trennen des Werkstücks, großer Hubweg, Werkstück verformt, für große Werkstücke

7 Warum sind die Obermesser von Hebelscheren gekrümmt?

Die Krümmung bewirkt, daß der Öffnungswinkel immer gleich groß bleibt.
Bei Handscheren sind Ober- und Untermesser gekrümmt, damit der Öffnungswinkel gleich bleibt.

8 Welchen Zweck hat der Hohlschliff an Handscheren?

Die Schneiden berühren sich so nur an der Stelle, an der gerade geschnitten wird; die Reibung zwischen den Schneiden bleibt gering.

4 Trennen

[9] Wie unterscheiden sich linke und rechte Blechscheren?

Rechte Blechschere: Untermesser und fertiges Werkstück liegen in Schnittrichtung (= Blickrichtung) rechts, der Abfall links.
Linke Blechschere: umgekehrt.

[10] Welche Bedeutung haben die Schenkellängen von Scheren?

Es gilt das Hebelgesetz:

Handkraft x Hebelarm der Griffe = Schneidkraft x Hebelarm der Schneiden

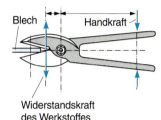

Blech — Handkraft
Widerstandskraft des Werkstoffes

[11] Nennen Sie Arten von Maschinenscheren.

Handhebel-, Tafel-, Rundmesser-, Loch-, Profilscheren, Handnibbelmaschinen (= „Knabbermaschinen")

[12] Wie unterscheidet sich eine Elektrohandschere von einer Elektro-Nibbelmaschine?

Elektrohandschere: Das Werkstück wird zwischen festem und beweglichem Messer getrennt, Randverformungen möglich.

Nibbelmaschine: Der Werkstoff wird zwischen auf- und niedergehendem Stempel und fester Matrize ausgestanzt. Es entsteht eine Schnittfuge und sichelförmige Späne.
Kurvenschnitte und Richtungsänderungen sind möglich, kein Verzug der Schnittkanten.

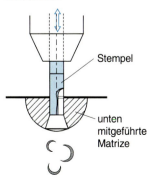

Stempel
unten mitgeführte Matrize

4 Trennen

13 Nennen Sie Unfallverhütungsvorschriften beim Scheren an Maschinen.

– Handschuhe tragen
– Niederhalter benutzen
– Handhebel gegen Herabfallen sichern
– zulässige Blechdicken beachten
– Abfälle sofort beseitigen
– Werkstückkanten sofort entgraten

4.2 Profilbearbeitung

1 Wie unterscheiden sich Ausklinken und Lochen?

Ausklinken ist ein Ausschneiden vom Rand her.
Lochen erzeugt einen Durchbruch im Profil oder Blech.

2 Welche Arbeiten sind an einer Profilstahlschere möglich?

– Ablängen von Form-, Stabstählen und Rohren
– Lochen von Blechen und Profilen
– Ausklinken von Profilen
– Abflanschen von Profilen

3 Benennen Sie die Bearbeitungsverfahren.

Abflanschen einseitig	Ausklinken beidseitig	Lochen

4 Beschreiben Sie die Arbeitsfolge der Ausklinkung.

a) Loch $\varnothing$ 17 bei L bohren
b) Sägen in Flanschrichtung A
c) Sägen in Stegrichtung B

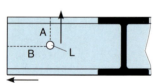

5 Beschreiben Sie die Arbeitsfolge beim Abflanschen.

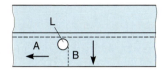

a) Löcher ⌀ 17 bei L bohren
b) Abtrennen des Flansches in Richtung A
c) Abtrennen des Flansches in Richtung B

6 Wie vermeidet man Ausklinkungen bei bündigen Trägerkreuzungen?

Kopfplatten und Laschen verwenden

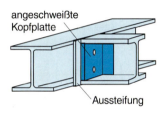

7 Welche Größen bestimmen die notwendige Kraft beim Ausklinken und Lochen?

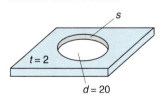

Scherkraft F
= Scherfestigkeit τ_{aB} × Scherfläche S
Beispiel: Loch $d = 20$ mm, $t = 2$ mm,
Stahl $\tau_{aB} = 300$ N/mm^2
$F = \tau_{aB} \times (\pi \times d \times s)$
$F = 300$ N/mm^2
$\quad \times (\pi \times 20$ mm $\times 2$ mm$)$
$F = $ **37700 N** bzw. **37,7 kN**

8 Warum müssen im Stahlbau gelochte Durchbrüche aufgerieben werden?

Beim Lochen sind an den Kanten Mikrorisse möglich, durch Reiben entsteht ein einwandfreier Durchbruch.

4 Trennen

⑨ Wie lassen sich Formstähle ablängen?

– Sägen an Kreis- oder Bandsägen
– Schneiden an der Profilstahlschere
– thermisch trennen

⑩ Wozu verwendet man Doppelgehrungssägen?

Ablängen von Aluminiumprofilen im Metallbau; es können sehr hohe Maß- und Formgenauigkeiten erzielt werden.

⑪ Wie verhindert man ein Festklemmen des Sägeblatts im Werkstoff?

Schränken der Zähne   Wellen der Zähne   Hinterschleifen des Sägeblatts

a)   b)   c)

⑫ Welches Sägeblatt ist für dünnwandige Rohre zu wählen?

Sägeblatt mit feiner Zahnteilung, damit die Zähne nicht in der Wandung einhaken.

⑬ Welche Bedeutung hat der Werkstoff bei der Auswahl von Sägeblättern?

weicher Werkstoff – große Zahnteilung, große Zahnlücken
hochfester Werkstoff – kleine Zahnteilung, kleine Zahnlücken

⑭ Worauf bezieht sich die Angabe der Zahnteilung bei Sägen?

Anzahl der Zähne auf 1 Zoll (= 25,4 mm)

> Beispiel:
> 12 Zähne/25,4 mm = grob
> 36 Zähne/25,4 mm = fein

4 Trennen

15 Welche Sägemaschinen sind im Metallbau üblich?

Stich-, Handkreis-, Rohr-, Hub-, Band-, Kreissägen

16 Welche Aufgabe haben Kühlschmiermittel beim Sägen?

– abführen der Wärme, die beim Zerspanen entsteht
– verringern der Reibung zwischen Werkzeug und Werkstück

> Kühlschmiermittel sind Sondermüll und müssen verantwortungsvoll entsorgt werden.

17 Worauf ist bei Sägen von Walzmaterial zu achten?

„Walzhaut" und Zunder sind härter als der Grundwerkstoff, Werkzeuge verschleißen sehr rasch.

18 Was sind Profilbearbeitungszentren?

Profilbearbeitungszentren sind CNC-gesteuerte Anlagen, die Profile ablängen, Ausklinken bzw. Abflanschen, Bohren, Schweißnähte vorbereiten etc.

4.3 Schleifen

1 Welche Schleifarbeiten fallen im Metallbau an?

– Schärfen von Werkzeugen
– „Verputzen" von Schweißnähten
– Trennschleifen von Profilen
– Blankschleifen von Oberflächen, u. a.

2 Welche Schleifmaschinen verwendet man im Metallbaubetrieb?

– stationäre Trennschleifmaschinen
– Winkelschleifmaschinen
– Bandschleifmaschinen
– „Schleifböcke"
– Handschleifer mit biegsamer Welle

4 Trennen

3 Wie sind Schleifkörper aufgebaut?

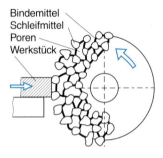

Bindemittel
Schleifmittel
Poren
Werkstück

– Schleifkorn → Spanabnahme
– Bindemittel → hält Korn fest und gibt es nach Abnutzung frei
– Poren → Aufnahme des Schleifspans

4 Nach welchen Merkmalen lassen sich Schleifscheiben einteilen?

Schleifscheiben teilt man ein nach
– Form,   z. B. Flachscheibe
– Körnung,   z. B. Körnung mittel
– Bindung,   z. B. V = keramisch
– Härte,   z. B. P = hart
– Gefüge,   z. B. 6 = offen

5 Erläutern Sie „Körnung" einer Scheibe.

Körnung = Maß für die Größe des Schleifkorns.
Kornnummer: 4 = sehr grob
              – 1200 = sehr fein

> Die Körnung entspricht der Maschenzahl des Siebes pro inch, mit der das Korn sortiert wurde.

6 Erläutern Sie „Härte" einer Scheibe.

Härte ist ein Maß für die Kraft, mit der das Korn durch die Bindung im Schleifkörper gehalten wird.

> weiche Werkstoffe – harte Scheiben z. B. X, Y, Z
>
> harte Werkstoffe – weiche Scheiben, z. B. A, B, C

4 Trennen

[7] Welche Eigenschaften werden durch die „Bindung" beeinflußt?

Bindung ist ein Maß, wie lange die Schleifkörner festgehalten werden. Sie beeinflußt Standzeit, Schleifeigenschaften und Eignung für Naß- und Trockenschliff.

[8] Nennen Sie Schleifmittelarten.

- natürliche: Sand, Korund, Glas, Diamant
- künstliche: Edelkorund, Siliziumkarbid, Bornitrid

[9] Worauf weist der Farbstreifen auf Trennscheiben hin?

Farbe = Kennung für die erhöhte Umfangsgeschwindigkeit

zulässig sind z. B.:
blau: $v_{max} = 50$ m/s,
grün/rot: $v_{max} = 160$ m/s

[10] Nennen Sie Sicherheitsvorschriften für das Arbeiten mit Winkelschleifern.

- Schutzbrille und -schürze tragen
- kleine Werkstücke einspannen
- Scheibenschutz muß die Hälfte der Scheibe bedecken
- Scheibe bis zur vollen Drehzahl hochlaufen lassen
- Maschine immer beidhändig führen
- erst nach Auslaufen ablegen
- nur zulässige Scheiben einspannen

Farbkennzeichnung für Umfangsgeschwindigkeit beachten!

[11] Beschreiben Sie das Aufspannen einer Scheibe auf den „Schleifbock".

- Klangprobe an neuer Scheibe durchführen
- elastische Zwischenlagen vorsehen
- 5 min Probelauf →

4 Trennen

▷ *Fortsetzung der Antwort* ▷
- Schutzhaube und Auflage einstellen
- Scheibe abziehen

12 Beschreiben Sie anhand der Skizze Sicherheitsvorschriften am „Schleifbock".

- Abstand *b* der Auflage max. 3 mm
- Öffnungswinkel α der Haube max. 65°
- Abstand *c* der Haube max. 5 mm

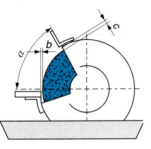

13 Welchen Zweck hat das Abrichten einer Schleifscheibe?

- Scheibe läuft wieder „rund" = ohne Unwucht
- verschmierte Scheiben sind wieder „scharf"
- ein Scheibenprofil läßt sich herstellen (bei Profilscheiben)

14 Worauf ist beim Arbeiten mit Schleifbändern zu achten?

- Eignung für Naß- oder Trockenschliff beachten
- Schleiffläche gleichmäßig benutzen
- nicht fest aufdrücken
- mit einem Schleifband nur eine Werkstoffart schleifen
- bei Edelstahl rostfrei besonders auf Überhitzung achten

4.4 Thermisches Trennen

1 Wo wird im Metallbau „Brennschneiden" eingesetzt?

– Zuschnitt von Bauteilen, z. B. aus Blechen
– Trennen beim Verschrotten
– Schweißnahtvorbereitung
– Herstellen von Fertigteilen
– Ausklinken und Durchdringungen, u. a.

2 Welche Werkstoffe sind brennschneidbar?

Die Werkstoffe müssen
– im Sauerstoffstrahl brennen und flüssige Oxide bilden
– unter der Schmelztemperatur verbrennen
– eine geringe Wärmeleitfähigkeit besitzen.

→ Baustahl läßt sich brennschneiden, Kupfer, Aluminium, hochlegierte Stähle und Grauguß nicht.

3 Woraus besteht eine Anlage zum Brennschneiden?

– Sauerstoff- und Acetylenflasche
– Handschneidbrenner mit Wechseldüsen
– Schläuche und Sicherheitseinrichtungen
– Zusatzeinrichtungen, z. B. Führungswagen, Zirkeleinrichtung

4 Welche Auswirkungen hat die Materialdicke?

Nimmt die Materialdicke zu
– verringert sich die Schneidgeschwindigkeit
– braucht man größere Düsen
– vergrößert sich der Düsenabstand
– müssen Heizgas- und Sauerstoffdruck erhöht werden

4 Trennen

5 Benennen Sie Düsenform und Anwendung bzw. Vorzüge

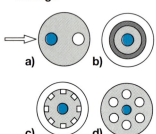

a) Nachlaufdüse: Schnitte in einer Richtung, für Dünnbleche
b) Ringdüse: Schnitte in jeder Richtung
c) Schlitzdüse: unempfindlich gegen Spritzer
d) Blockdüse: saubere Schnittflächen, geringerer Gasverbrauch

6 Beurteilen Sie die Schnittfläche.

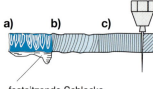

festsitzende Schlacke

Schnittgeschwindigkeit
a) zu gering, Schlackenreste an der Unterseite
b) zu hoch, starke Riefen
c) optimal, saubere Oberfläche

7 Was versteht man unter „Fugenhobeln"?

Fugenhobeln dient zum
– Herstellen von Schweißfugen, z. B. für U-Nähte
– wurzelseitigen Ausfugen
– Entfernen von Heftstellen
– Ausbrennen von Rissen

8 Was versteht man unter „Pulver-Brennschneiden"?

In den Schneidstrahl wird zusätzlich Eisenpulver eingeblasen; damit lassen sich auch hochlegierte Stähle brennschneiden.

4 Trennen

[9] Nennen Sie Vorteile des Plasma-Schneidens.

– es lassen sich auch Cr-Ni-Stähle, Kupfer und Al brennschneiden
– die Schneidgeschwindigkeit ist höher als beim Brennschneiden
– Wärmeeinwirkung ist geringer

[10] Nennen Sie Vorteile des „Wasser-Plasma-Schneidens".

– sehr schmaler Schneidspalt
– kein Verzug durch Wärme
– geringe Strahlung
– auch für Sonderwerkstoffe wie Titan geeignet

[11] Welches Verfahren ist skizziert?

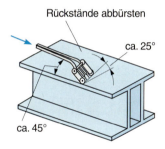

Flammstrahlen:
Ein Flachbrenner verbrennt Rost und Zunder, die Rückstände werden abgebürstet. Sehr hohe Flächenleistung möglich, bis 30 m² pro Stunde.

[12] Welche Steuerungen sind an stationären Schneidemaschinen üblich?

a) photoelektrische Steuerung: ein Lichtstrahl tastet die Werkstückumrisse auf einer Zeichnung ab
b) CNC-Steuerung: mit Standardfiguren wird die Kontur programmiert und dann abgefahren

[13] Welche Vorteile haben Schachtelprogramme an CNC-gesteuerten Brennschneidmaschinen?

Unterschiedliche Werkstücke werden von der Steuerung so miteinander kombiniert und auf der Blechtafel plaziert, daß der Verschnitt minimal wird. Die Steuerung legt auch die Reihenfolge der Schnitte fest.

4.5 Werkstattverfahren

1 Worauf ist beim Bohren von Profilen zu achten?

- geeigneten Bohrertyp verwenden: H für harte, N für normale, W für weiche Werkstoffe
- Bohrer richtig anschleifen
- Drehzahl und Vorschub nach Tabellen einstellen
- Profil gegen Verdrehen sichern
- geeignetes Kühlschmiermittel verwenden

2 Was bestimmt die Standzeit eines Bohrers?

eingestellte Drehzahl, Vorschub, Werkstoff, Kühlschmiermittel

3 Warum werden große Spiralbohrer ausgespitzt?

Querschneide wird verkleinert und die notwendige Vorschubkraft verringert.

4 Nennen Sie mögliche Folgen.

a) Bohrerspitze außer Mitte – Bohrung wird zu groß
b) Spitzenwinkel unsymmetrisch – nur eine Schneide im Eingriff, Bohrer verläuft

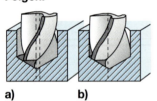

a)   b)

5 Welche Bohrmaschinen sind im Metallbau üblich?

- elektr. Handbohrmaschine
- elektro-pneumatischer Bohrhammer
- Tisch- und Ständerbohrmaschinen
- Radialbohrmaschinen
- Bohrzentren, meist mit CNC-Steuerung

6 Nennen Sie Unfallverhütungsvorschriften beim Bohren.

- Werkstücke festspannen
- richtige Drehzahl und Vorschub wählen →

4 Trennen

▷ *Fortsetzung der Antwort* ▷
- enganliegende Kleidung tragen
- Handbohrmaschinen nicht überlasten

7 Welche Senker verwendet man in der Werkstatt?

a) Kegelsenker zum Entgraten: Spitzenwinkel 60°
b) Kegelsenker für Niete: Spitzenwinkel 75°
c) Kegelsenker für Senkschrauben: Spitzenwinkel 90°
d) Flach- bzw. Zapfensenker für Zylinderschrauben

8 Wozu dienen Reibahlen?

Durch Reiben erzielt man maß- und formgenaue Bohrungen mit hoher Oberflächengüte.

9 Wie unterscheiden sich Hand- von Maschinenreibahlen?

Handreibahlen:
langer Anschnitt, Vierkantkopf

Maschinenreibahlen:
kurzer Anschnitt, Zylinder-, bzw. Kegelschaft

10 Warum haben Reibahlen ungerade Zähnezahlen?

Ungerade Zähnezahl vermeidet ein Einhaken der Reibahle, es stehen sich nie zwei Zähne gegenüber.

11 Warum darf eine Reibahle nie rückwärts gedreht werden?

Die Zähne könnten beim Rückwärtsdrehen ausbrechen, es entstehen Riefen.

12 Wie lassen sich geriebene Bohrungen einfach prüfen?

Geriebene Bohrungen prüft man mit einem Grenzlehrdorn.

> Gutseite = längerer Zylinder muß sich einführen lassen
>
> Ausschußseite = kurzer Zylinder mit rotem Ring darf höchstens „anspitzen"

© Holland + Josenhans

4 Trennen

13 Wie lassen sich Gewinde herstellen?

Außengewinde mit Schneideisen, Schneidkluppe, Drehen auf der Drehmaschine, Walzen, Wirbeln u. a.
Innengewinde mit Gewindebohrer (Satzgewindebohrer oder Mutterngewindebohrer)

14 Welche Maße sind bei der Gewindeherstellung wichtig?

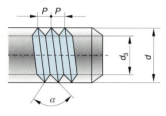

d = Außendurchmesser (= Gewindebezeichnung)
P = Steigung (= Abstand der Spitzen)
d_3 = Kerndurchmesser
α = Flankenwinkel (= 60° für metrische Gewinde)

Bohrungs-⌀ = Nenndurchmesser – Steigung für Innengewinde

15 Entschlüsseln Sie die Bezeichnungen.
a) **M 12**
b) **M 12 × 1**
c) **G 1¼**
d) **TR 16 × 4**
e) **S 16 × 2**

a) Metrisches Gewinde 12 mm Nenn-⌀
b) Metrisches Feingewinde, 12 mm Nenn-⌀, 1 mm Steigung
c) Rohrgewinde mit 1¼ Zoll Außen-⌀
d) Trapezgewinde mit 16 mm Außen-⌀, 4 mm Steigung
e) Sägengewinde mit 16 mm Nenn-⌀, 2 mm Steigung

16 Wie werden dichtende Rohrgewinde hergestellt?

Gewinde wird mit einer Schneidkluppe geschnitten, die sich mit zunehmender Gewindelänge selbst leicht öffnet, der Außen-⌀ wird konisch.

17 Wozu werden Schaftfräser gebraucht?

zum Fräsen von Nuten und Durchbrüchen, z. B. Wasserablaufschlitzen in Fensterrahmen

18 Welche Fertigungsverfahren sind skizziert?

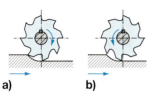

a) b)

c)

a) Gegenlauf-Fräsen: Drehrichtung des Fräsers und Vorschubrichtung des Werkstücks sind entgegengesetzt.
b) Gleichlauf-Fräsen: Drehrichtung des Fräsers und Vorschubrichtung des Werkstücks sind gleichgerichtet.
a) und b) Walzenfräsen
c) Stirnfräsen

5 Elektrotechnik, Informationstechnik

5.1 Elektrotechnik

1 Wie lauten die drei wichtigen Grundgrößen der Elektrotechnik?

Strom – Spannung – Widerstand

Strom = Elektronenfluß; Einheit: Ampere (A)

Spannung = Elektronendruck; Einheit: Volt (V)

Widerstand = Behinderung für Elektronenfluß Einheit: Ohm (Ω)

2 Welche Wirkungen hat der elektrische Strom?

Wirkung	Techn. Anwendung
Wärmewirkung	elektrische Heizöfen
magnetische Wirkung	Motor, Transformator
chemische Wirkung	Galvanisieren
Lichtwirkung	Glühlampe

3 Welcher Zusammenhang besteht zwischen Strom, Spannung und Widerstand?

$$\text{Strom} = \frac{\text{Spannung}}{\text{Widerstand}}$$

> Der Strom ist um so größer, je größer die Spannung und je kleiner der Widerstand ist.
>
> Diese Beziehung wird als Ohmsches Gesetz bezeichnet.

[4] Benennen Sie die Einzelteile eines einfachen elektrischen Stromkreises.

a) Spannungsquelle: Akkumulator
b) Widerstand: Glühlampe
c) Schalter
d) Leiter

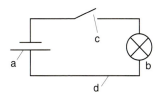

[5] Wie läßt sich elektrische Spannung erzeugen?

Zum Beispiel:
- chemisch mit Batterie
- durch Induktion mit Generator

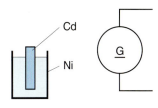

> Chemische Spannungserzeugung nutzt die Potentialdifferenz von zwei verschiedenen Metallen, z. B. Ni – Cd.
>
> Bei der Spannungserzeugung durch Induktion wird ein elektrischer Leiter durch Magnetlinien geschnitten und so eine Spannung „induziert".

[6] Wie unterscheiden sich Gleichstrom und Wechselstrom?

Gleichstrom:
Elektronenfluß nur in einer Richtung, Spannung bleibt konstant

Wechselstrom:
Elektronenfluß wechselt z. B. 50mal in der Sekunde seine Richtung, Spannung verläuft „sinusförmig"

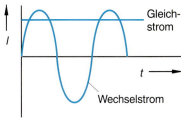

5 Elektrotechnik, Informationstechnik

[7] Welche Spannungen sind in Haushalt und Gewerbe üblich?

Beleuchtung, Kleinmaschinen:
230 V (Einphasen-Wechselstrom)

Elektroherde, Drehstrommotoren, Schweißmaschinen:
400 V (Dreiphasen-Wechselstrom)

[8] Beschreiben Sie die Schaltung.

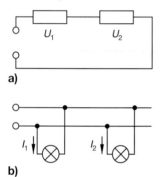

a)
b)

a) Reihenschaltung (Serienschaltung):
   Der Strom fließt hintereinander durch die Widerstände, die Spannung teilt sich auf in Teilspannungen.

b) Parallelschaltung:
   Der Strom verzweigt sich und fließt gleichzeitig durch alle Widerstände. Die Spannung bleibt gleich.

[9] Benennen Sie die Einzelteile des erweiterten elektrischen Stromkreises.

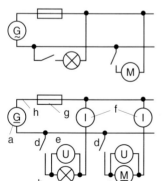

a) Generator
b) Glühlampe
c) Motor
d) Schalter
e) Meßgeräte für Spannungen
f) Meßgeräte für Ströme
g) Sicherungen
h) Leiter

10 Welche Aufgabe haben Sicherungen im Stromkreis?

Sie begrenzen die im Netz fließende Stromstärke, z. B. auf 10 A.

> Üblich sind Schmelzsicherungen und Sicherungsautomaten.

11 Von welchen Größen hängt der Widerstand eines Leiters ab?

Von Länge, Querschnitt und Leiterwerkstoff

> Langer Leiter, kleiner Querschnitt, geringe Leitfähigkeit des Werkstoffs → großer Widerstand in Ohm.
>
> kurzer Leiter, großer Querschnitt, gute Leitfähigkeit des Werkstoffs → kleiner Widerstand in Ohm.
>
> Schweißkabel müssen aus Kupfer, möglichst kurz sein und großen Querschnitt haben.

12 Welche Stoffe leiten den Strom besonders gut?

Metalle, Kohle und Säuren

> Je mehr freie Leitungselektronen ein Stoff hat, desto besser leitet er den elektrischen Strom. Das Maß für die Leitfähigkeit eines Stoffes ist sein spez. elektr. Widerstand.

13 Welche Stoffe sind Nichtleiter?

Kunststoffe, Gummi, Glas, Luft

> Elektrische Leiter, wie Schweißkabel, werden deshalb mit Kunststoff ummantelt.

14 Wie groß ist der Widerstand eines Cu-Schweißkabels mit $l = 10$ m, $A = 20$ mm²?

$$\text{Widerstand} = \frac{\text{Länge} \times \text{spez. Widerstand}}{\text{Querschnitt}}$$

$$R = l \times \frac{\rho}{A}$$

$$R = \frac{10 \text{ m} \times 0{,}0175 \, \Omega \times \text{mm}^2/\text{m}}{20 \text{ mm}^2}$$

$R =$ **0,09 Ω**

5.2 Elektrische Maschinen

1 Benennen Sie die elektrischen Maschinen und ihre Aufgaben.

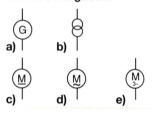

a) Generator:
   Spannungserzeugung
b) Transformator:
   Spannungsänderung
c) Gleichstrommotor:
   Antrieb von Kleinmaschinen
d) Wechselstrommotor:
   Antrieb von „Haushaltsmaschinen"
e) Drehstrommotor:
   Antrieb von Werkzeugmaschinen

2 Beschreiben Sie das Prinzip eines Transformators.

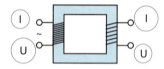

Die Primärspule (viele Windungen) erzeugt bei Stromdurchgang im Eisenkern ein Magnetfeld. Dieses induziert in der Sekundärspule (wenige Windungen) eine geringe Spannung bei hoher Stromstärke.

> Die Spannungen verhalten sich wie die Windungszahlen.
> Die Ströme verhalten sich umgekehrt wie die Windungszahlen.
> Transformatoren dienen u. a. zum Erzeugen hoher Schweißströme.

3 Wie entsteht ein Kurzschluß?

Durch direkte Berührung von zwei stromführenden Leitern.

> Wegen des sehr kleinen Widerstands wird die Stromstärke unendlich groß, löst die Sicherung aus und diese unterbricht den Stromkreis.

5 Elektrotechnik, Informationstechnik

[4] Wie entsteht an Elektrogeräten Körperschluß?

Ein Leiter berührt von innen das Metallgehäuse.

> Der grün-gelbe Schutzleiter wird deshalb an das Gehäuse angeschlossen und leitet den Strom sofort ab.

[5] Was bedeuten die Symbole an Elektrogeräten?

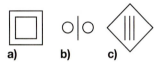

a) b) c)

a) Schutzisolation: Das Gehäuse ist aus Isolierstoff.
b) Schutztrennung: Es besteht keine leitende Verbindung zwischen Netz und Gerät.
c) Kleinspannung: Ein Transformator wandelt die Netzspannung von 230 V um in eine für den Menschen ungefährliche Kleinspannung von z. B. 42 V.

[6] Warum kann der Umgang mit elektrischen Geräten gefährlich sein?

Stromstärken über 50 mA und Wechselspannungen über 50 V gelten als lebensgefährlich.

> Sicherheitsvorschriften beachten! Nur mit einwandfreien Geräten arbeiten!

[7] Warum ist an Elektrogeräten die abgegebene Leistung immer kleiner als die aufgenommene?

Beim Betrieb entstehen Verluste z. B. durch Wärme und Reibung, P_{ab} ist also immer kleiner als P_{zu}.

Der Wirkungsgrad η drückt dieses Verhältnis aus.

Wirkungsgrade η:
Transformator $\approx$ 0,95
Drehstrommotor $\approx$ 0,80
Gleichstrommotor $\approx$ 0,45

8 Welche Schaltung eines Drehstrommotors ist jeweils dargestellt?

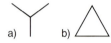

a) Sternschaltung:
Die Spulen des Motors liegen an der niedrigeren Spannung (Anlaufbetrieb).

b) Dreieckschaltung:
Die Spulen liegen an der vollen Spannung (Dauerbetrieb).

9 Wozu dient ein Motor-Schutzschalter?

Er schaltet den Motor ab, wenn die Stromstärke unzulässig groß wird.

> Motor-Schutzschalter verhindern das Durchbrennen der Motorwicklungen, müssen aber genau auf den Motor abgestimmt sein.

5.3 Elektronische Datenverarbeitung

1 Was bezeichnet man bei DV-Anlagen als Hardware, was als Software?

Hardware = alle Bauteile von DV-Anlagen, z. B. Monitor, Rechner, Drucker

Software = alle Programme, die in der Hardware gespeichert sind, z. B. Daten, Informationen

2 Was bedeutet „E-V-A-Prinzip" bei Datenverarbeitungsanlagen?

E = Eingabe = Daten aufnehmen über unterschiedliche Eingabegeräte

V = Verarbeitung der Daten, abhängig von der Aufgabenstellung

A = Ausgabe der Ergebnisse über unterschiedliche Ausgabegeräte

3 Nennen Sie Eingabe- und Ausgabegeräte für DV-Anlagen.

Eingabegeräte:
Tastatur, Maus, Joystick, Balkencode-Leser, Tastatur eines codegesteuerten Schlosses

Ausgabegeräte:
Monitor, Drucker, Plotter

5 Elektrotechnik, Informationstechnik

4 Wie lassen sich Informationen an DV-Anlagen speichern?

Intern im Arbeitsspeicher des Computers

Extern auf Diskette, Festplatte, Compactdisc (CD), Magnetband

5 Was ist ein BUS in DV-Anlagen?

BUS = gemeinsames Informationssystem, das die einzelnen Bauelemente der DV-Anlage miteinander verbindet.

6 Welche Arten von Software gibt es?

1. Systemsoftware bzw. Betriebssysteme = Programme, die einen Computer in Betrieb setzen, z. B. DOS, UNIX, WINDOWS 98.
2. Anwendersoftware = Programme, die bestimmte Aufgaben lösen, z. B. Textverarbeitung, Tabellenkalkulation, Zeichnungserstellung, branchenspezifische Aufgaben.

7 Was sind Betriebssystem-Befehle?

Befehle, die einen Dialog mit dem Computer erlauben.

> Beispiele:
>
> DIR a: zeigt den Inhalt des Datenspeichers A
>
> CD e: wechselt in den Datenspeicher e
>
> TREE c: zeigt die Verzeichnisstruktur des Datenspeichers c

8 Wie läßt sich ein Computer nutzen, um z. B. den Wärmedurchgang durch ein Fenster zu berechnen?

1. Einsatz eines branchenspezifischen Programms, wie es Glashersteller anbieten
2. Erstellen eines Rechenblatts mit einem Tabellenkalkulationsprogramms, z. B. EXCEL →

5 Elektrotechnik, Informationstechnik

▷ *Fortsetzung der Antwort* ▷

3. Programmieren einer Individuallösung, z. B. mit Hilfe der Programmiersprache BASIC

9 Was ist ein Algorithmus?

Eine Vorgehensweise beim Programmieren, die nach einer gewissen Anzahl von Lösungsschritten zum gewünschten Ergebnis führt.

10 Wie ist die allgemeine Vorgehensweise beim Entwickeln von Programmen?

1. Problem beschreiben
2. Problem analysieren
3. Algorithmus graphisch darstellen
4. In Programmiersprache übersetzen
5. Programm testen
6. Programm anwenden

11 Was ist beim Umgang mit Programmen und Daten zu beachten?

1. Nur mit Programmen arbeiten, für die man eine Lizenz besitzt!
2. Dateien und Programme durch Sicherungskopien vor Verlust schützen!
3. Daten und Programme gegen Viren sichern!
4. Mißbrauch und Veränderung von Daten durch Unberechtigte verhindern!

12 Welchen Zweck haben Datenschutzgesetze?

Datenschutzgesetze sollen den Mißbrauch von personenbezogenen Daten verhindern.

> Personenbezogene Daten sind z. B. der Inhalt von Personalakten, Steuerbescheiden, Krankenakten
>
> Die Einträge in Adreß- und Telefonbüchern sind dagegen freie Daten.

6 Steuerungs- und NC-Technik

6.1 Grundlagen

[1] Wie unterscheiden sich Steuerungen von Regelungen?

Steuerungen: Weicht der IST-Wert der Anlage vom SOLL-Wert ab, muß von Hand nachgestellt werden.
Regelungen: Abweichungen vom IST-Wert korrigiert das System automatisch.

> Am einfachen Heizkörperventil läßt sich die Raumtemperatur von Hand **steuern**, ein Thermostatventil **regelt** die Raumtemperatur selbsttätig.

[2] Aus welchen Baugliedern bestehen Steuerungen?

Steuerungen bestehen aus
a) Informationsteil = Steuerteil
b) Arbeitsteil = energetischer Teil

[3] Erläutern Sie an der elektrischen Handbohrmaschine
a) **Eingangsgröße**,
b) **Steuereinrichtung**,
c) **Stellglied**,
d) **Steuerstrecke**,
e) **Ausgangsgröße**.

a) **Eingangsgröße**: Fingerdruck am Tastschalter
b) **Steuereinrichtung**: Tastschalter
c) **Stellglied**: Schaltkontakt
d) **Steuerstrecke**: Elektromotor und Getriebe
e) **Ausgangsgröße**: Drehzahl der Bohrspindel

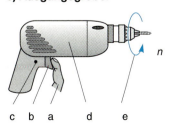

4 Was sind Sensoren und Aktoren?

Sensoren = Eingabeglieder, z. B. Taster, Lichtschranken, Fühler

Aktoren = Arbeitsglieder, z. B. Elektromotoren, Zylinder, Druckregler

5 Welche Steuerungen unterscheidet man nach der Antriebsenergie?

a) pneumatische Steuerungen mit Druckluft
b) hydraulische Steuerungen mit Öl
c) elektrische Steuerungen mit elektr. Strom
d) Kombinationen, z. B. elektropneumatische Steuerungen

> Wegen der Verbindungen der Bauglieder mit Schläuchen oder Kabeln nennt man diese Steuerungen auch „Verbindungsprogrammierte" Steuerungen.
> Bei **S**peicher-**P**rogrammierten **S**teuerungen (SPS) werden die Verbindungen durch Mikroprozessoren und Speicherbausteine hergestellt.

6 Beschreiben Sie die logischen Verknüpfungen an Steuerungen mit Beispielen.

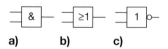

a) b) c)

a) **UND-Verknüpfung**: WENN die Leitung stromführend ist **UND** der Taster gedrückt, DANN läuft die Bohrmaschine
b) **ODER-Verknüpfung**: WENN der linke **ODER** der rechte Fensterflügel geöffnet sind, DANN strömt Frischluft in den Raum
c) **NICHT-Verknüpfung**: WENN die Sicherung **NICHT** auslöst, DANN bleibt die Leitung unter Spannung

7 Wie unterscheiden sich analoge von binären Steuerungen?

Analoge Steuerungen: verschiedene Signale können verarbeitet werden, z. B. stufenlose Steuerung

→

6 Steuerungs- und NC-Technik

▷ *Fortsetzung der Antwort* ▷ einer Bohrmaschine durch Sensor im Schalter.

Binäre Steuerungen: nur die zwei (= binär) Signale EIN oder AUS können verarbeitet werden, z. B. Bohrmaschine EIN oder AUS.

[8] Wie können Bewegungsabläufe an Steuerungen beschrieben werden?

Beschreibung durch:
- Textbeschreibung mit Lageplan und Schemaskizze
- Ablauf in Tabellenform
- Weg-Schritt-Diagramm
- Steuerdiagramm
- Funktionsplan

[9] Gegeben sind Schemaskizze und Weg-Schritt-Diagramm einer Biegevorrichtung.

Beschreiben Sie den Ablauf des Scharnierbiegens.

- Zylinder A fährt aus und spannt den Blechstreifen
- Zylinder B fährt kurz aus und biegt die Öse an
- dann fährt Zylinder C kurz aus und biegt die Öse fertig
- jetzt gibt Zylinder A die fertig gebogene Öse frei

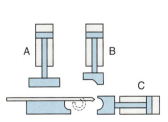

Schritt	0	1	2	3	4	5
W Zylinder A						
E Zylinder B						
G Zylinder C						

6.2 Pneumatische Steuerungen

1 Welche Vorteile hat Luft als Arbeitsmedium?

Luft ist leicht zu verdichten, überall verfügbar, keine Rückleitungen notwendig, keine Verschmutzung durch Lecköl etc., hohe Kolbengeschwindigkeiten.

2 Nennen Sie Bauelemente zur
a) **Energieumformung,**
b) **Energieübertragung,**
c) **Informationsverstärkung,**
d) **Arbeitsverrichtung.**

a) Verdichter, Zahnradpumpe
b) Arbeits- und Steuerleitungen
c) Wegeventile, Stromventile
d) Zylinder, einfach und doppelt wirkend

3 Benennen Sie die Bauteile.

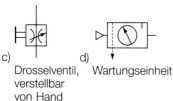

a) doppelt wirkender Zylinder
b) 2/2 Wegeventil in Durchflußstellung
c) Drosselventil, verstellbar von Hand
d) Wartungseinheit
e) Betätigung durch Druckknopf
f) Sperrventil Rückschlagventil mit Feder

4 Was bedeutet die Angabe: 3/2 Wegeventil?

Das Ventil besitzt 3 steuerbare Anschlüsse (A, R, und P) und 2 Schaltstellungen.

6 Steuerungs- und NC-Technik

[5] Wie werden die Bauteile in einem pneumatischen Schaltplan gezeichnet?

– Bauteile in Ruhestellung
– Steuerleitungen als Strichlinien
– Arbeitsleitungen als Vollinien
– Anschlußbezeichnungen in den Schaltplan eintragen

P = Druckanschluß
R und S: Abluft
A, B, C: Signalanschlüsse
X, Y, Z: Steueranschlüsse

[6] Beschreiben Sie zur Türsteuerung
a) Bauteile,
b) Funktion der Anlage.

a) Bauteile:
1 = Wartungseinheit
2 = Eingabe-Taster mit Zugbetätigung
3 = Verarbeitung: Wechselventil
4 = Stellglied: 5/2 Wegeventil
5 = Arbeitsglied: doppelt wirkender Zylinder

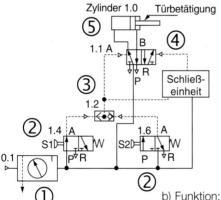

b) Funktion:
Bei Betätigung der Eingabe (Taster S1 oder S2) strömt Luft in das Verarbeitungsglied (Wechselventil) und von dort in das Stellglied. Der Zylinder kann ausfahren. Kommt ein Impuls von der Schließeinheit, schaltet das Stellglied in Schaltstellung 2 und der Kolben für die Türbetätigung fährt zurück.

6 Steuerungs- und NC-Technik

7 Was zeigt die Skizze?

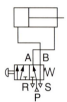

Direkte Steuerung eines doppelt wirkenden Zylinders mit einem handbetätigten 5/2 Wegeventil als Eingabebauteil (Signalglied).

8 Welche Steuerung ist dargestellt?

Steuerung eines einfach wirkenden Zylinder. Der Kolben ist ausgefahren.

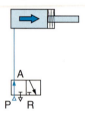

6.3 Elektrische Steuerungen

1 Was kennzeichnet elektrische Steuerungen?

Signalverarbeitung und -weiterleitung erfolgen elektrisch.

2 Nennen Sie Bauteile von elektrischen Steuerungen.

- Schalter und Taster = Signal-Eingabeglieder
- Sensoren = Rückmelde-Einrichtungen, z. B. Positionsschalter
- Verdrahtung

3 Was zeigen die Skizzen?

a) Öffner b) Schließer

c) Relais d) Magnetventil

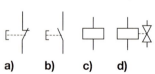

a) b) c) d)

6 Steuerungs- und NC-Technik

[4] Was ist ein Stromlaufplan?

Ein Stromlaufplan stellt die elektrische Steuerung als Schaltplan der elektrischen Kontakte, z. B. Öffner und Schließer, dar.

> Öffner unterbrechen eine elektrische Verbindung.
> Schließer stellen eine elektrische Verbindung her.

[5] Wie werden Stromlaufpläne gezeichnet?

– Anlage stromlos zeichnen
– Schalter sind mechanisch nicht betätigt
– Schaltzeichen und Schaltelemente senkrecht
– Geräte und Bauelemente kennzeichnen
– Stromwege geradlinig und parallel

[6] Skizziert ist die Schaltung zum Spannen von Fensterrahmen beim Schlitzfräsen.
Beschreiben Sie
a) Bauteile,
b) Funktion.

a) Bauteile:
S 1 = Taster, K 1 = Relais,
Y 1 = Elektromagnet, A = 3/2 Wegeventil, B = Spannzylinder

b) Funktion:
Taster S 1 im Steuerstromkreis schaltet das Relais K 1 ein, dieses schaltet den Elektromagnet Y 1 ein, der das Wegeventil betätigt. Luft strömt in den Zylinder und fährt ihn aus.

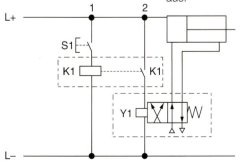

6 Steuerungs- und NC-Technik

[7] Welche Funktion hat die elektrische Steuerung?

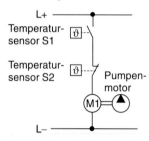

Überschreitet die Temperatur in einem Kessel einen bestimmten Wert, wird S 1 geschlossen, der Motor läuft, die Pumpe führt Frischwasser zu.
Unterschreitet die Temperatur im Kessel einen bestimmten Wert, so wird S 2 geöffnet, Motor und Pumpe schalten ab.

6.4 NC-Steuerungen und NC-Maschinen

[1] Nach welchem Prinzip arbeiten NC-Maschinen?

NC-Maschinen bestehen aus
- Bearbeitungsmaschine, z. B. zum Fräsen, Brennschneiden etc.
- Einzelantrieben, die jede Achse und Spindel unabhängig voneinander bewegen
- elektronischen Meßsystemen für die einzelnen Achsen, bzw. Sensoren für Bewegungen

[2] Was bedeuten
a) NC
b) CNC

a) NC = Numeric control = Steuerung durch „Zahlen", z. B. wird die Bewegung eines Aufspanntisches nicht „gekurbelt", sondern Zahlenimpulse an die Steuerung bewegen ihn.
b) CNC = die Steuerung der Funktionen an der NC-Maschine übernimmt ein Computer.

6 Steuerungs- und NC-Technik

[3] Wie werden die Achsen an NC-Maschinen angeordnet?

z-Achse = Achse der Arbeitsspindel, z. B. Bohrer- oder Schneidbrennerachse
x-Achse = Hauptachse, parallel zur Werkstück-Aufspann-Ebene
y-Achse = 3. Achse, die sich aus einem rechtshändigen Koordinatensystem ergibt

[4] Was bedeuten die Symbole?

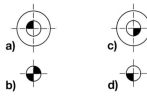

a) Maschinen-Nullpunkt: vom Hersteller festgelegt
b) Referenzpunkt: Startpunkt für die Bearbeitung
c) Werkstück-Nullpunkt: Ausgangspunkt für die Bemaßung
d) Programm-Nullpunkt: hier befindet sich das Werkzeug bei Beginn der Bearbeitung

[5] Welche Steuerungsarten gibt es?

– Punktsteuerung: Bewegung von Punkt zu Punkt
– Streckensteuerung: nur gerade Linien möglich
– Bahnsteuerung: Kurven im Raum möglich

[6] Begründen Sie die notwendige Steuerung zum
a) Profile bohren, Punktschweißen, Lochen,
b) brennschneiden, gerade, Schlitze fräsen,
c) Konturen fräsen, Nibbeln.

a) **Punktsteuerung**, da nur Punkte angefahren werden und dann bearbeitet wird
b) **Streckensteuerung**, da die Werkzeugbewegungen nur geradlinig sind
c) **Bahnsteuerung**, da kurvenförmig und z.T. „räumlich" bearbeitet werden muß

6.5 NC-Programme

[1] Welche Daten enthält ein NC-Programm?

– geometrische Daten, z. B. Weglänge
– technologische Daten, z. B. Drehzahl
– Zusatzinformationen, z. B. Programmende

[2] Wie ist ein CNC-Programm aufgebaut?

NC-Programm = Folge von alphanumerischen Anweisungen in Zeilenform.
Jede Zeile = ein „Satz" mit Weg- und Schaltinformationen.
Jeder „Satz" besteht aus einer Adresse = Satznummer und mehreren „Wörtern". Das einzelne „Wort" besteht aus Adreßbuchstaben und Ziffernfolge (= alphanumerisch).

[3] Was bedeuten die Adreßbuchstaben F, M, G, N, T, S, U?

F = Feed = Vorschub,
z. B. F 200 = Schneidgeschwindigkeit 200 mm/min

M = Motion = Bewegung,
z. B. M 04 = Brennschneiden EIN

G = Go = Wegbedingung,
z. B. G 90 = absolute Maßangabe

N = Satznummer, z. B. N 20 = 2. Satz

T = Tool = Werkzeug,
z. B. T 2 = Brenner Nr. 2

S = Speed = Geschwindigkeit,
z. B. S 900 = Spindeldrehzahl 900 1/min

U = Unterprogramm,
z. B. U 1 = Unterprogramm Nr. 1

[4] Wie ist eine Weginformation aufgebaut?

z. B.: G 01 X 300 Y-200 Z 10
Weginformation = Wegbedingung (G 01) und Angabe der Koordinaten x, y und z →

6 Steuerungs- und NC-Technik

▷ *Fortsetzung der Antwort* ▷

G 01 = „geradlinig verfahren":
X 300 = 300 mm in X-Richtung
Y -200 = 200 mm in negative Y-Richtung
Z 10 = 10 mm in Z-Richtung

5 Entschlüsseln Sie die Wegbedingungen.
a) G 00 b) G 02
c) G 90 d) G 91

a) G 00 = Positionieren im Eilgang
b) G 02 = Kreis-Interpolation im Uhrzeigersinn
c) G 90 = absolute Maßangaben
d) G 91 = inkrementale Maßangaben

6 Entschlüsseln Sie die Zusatzinformationen für das Brennschneiden.
a) M 02 b) M 03
c) M 08 d) M 09

a) M 02 = Programm ENDE
b) M 03 = Schneidsauerstoff AUS
c) M 08 = Vorwärmen EIN
d) M 09 = Vorwärmen AUS

> Beim Drehen und Fräsen bedeutet
> M 03 = Spindel EIN
> M 30 = Spindel AUS

7 Erläutern Sie den Programmsatz:
N 30 G 01 X0 Y0 M 04 M 09 G 42

N 30 = Programmsatz Nr. 3
G 01 = Geradlinig verfahren
X0 Y0 = Koordinatenwege
M 04 = Schneidsauerstoff EIN
M 09 = Vorwärmen AUS
G 42 = Werkzeugbahnkorrektur rechts, d. h. der Brenner sticht „rechts" von der Kante durch

8 Welche Möglichkeiten der Programmierung gibt es?

– **Direkteingabe** der Programmsätze an der Maschine
– **Programmierung in der Arbeitsvorbereitung** und speichern des Programms, z. B. auf Diskette →

6 Steuerungs- und NC-Technik

▷ *Fortsetzung der Antwort* ▷

– **„Teach-In-Programmierung"**:
  Einspeichern von Positionen an der Maschine, z. B. beim Brennschneiden
– **„Play-back-Programmierung"**:
  Abfahren der Bewegungen und selbsttätiges Erstellen eines Programms in der Steuerung, z. B. beim Rohrbiegen

9 Wie werden Maße im Programm angegeben?

a) **absolut**: alle Maße beziehen sich auf Bezugslinien
b) **inkremental**: jedes Maß bezieht sich auf die vorherige Maßposition

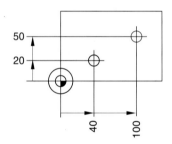
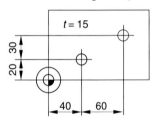

10 Ergänzen Sie das NC-Programm.
(Das Bohren beginnt und endet am Werkstück-Nullpunkt)

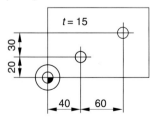

```
N 10 G 91                    F 100 S 1600
N 20 G 00 X 40 Y 20
N 30            Z 2          M 03
N 40 G 01       Z-20
N 50 G 00       Z 2
N 60      X 60 Y 30
N 70
N 80
```

6 Steuerungs- und NC-Technik

[11] Wie können NC-Programme gespeichert werden?

Programmspeicherung auf Kassette, Lochstreifen, Diskette oder Festplatte eines Computers

[12] Was versteht man unter On-Line-Programmierung?

Programmierer gibt nur die Geometriedaten des Werkstücks ein, ein Zusatzprogramm ergänzt die fehlenden Informationen zu einem vollständigen „Satz". Zeitgemäße Programme entwickeln das NC-Programm aus CAD-Programmen während der Zeichnungserstellung. CAD = Computer Aided Design = Zeichnungserstellung am Computer.

7 Prüf- und Montagetechnik

7.1 Prüfgeräte, Prüfarbeiten

[1] Unterscheiden Sie „Messen" und „Lehren" und nennen Sie jeweils Prüfgeräte.

Prüftechnik

Messen = Ermitteln eines Meßwerts, z. B. Länge in mm oder Winkel in Grad, durch Vergleich mit einer Maßverkörperung
Prüfgeräte: Maßstab, Meßschieber, Winkelmesser, u. a.

Lehren = Vergleich von Größe oder Form, z. B. Spitzenwinkel eines Bohrers, mit einer Schablone
Prüfgeräte: Lehre, Schablone u. a.

[2] Welche Bedeutung hat die Maßbezugstemperatur in der Prüftechnik?

Maßbezugstemperatur 20 °C bzw. 293 K sichert die Vergleichbarkeit von Messungen.

> Der Wert 20° gilt für Werkstücke <u>und</u> für die Prüfgeräte.

[3] Was bedeutet das Maß 45 $^{+0,3}$?

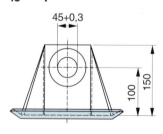

45 $^{+0,3}$ = Toleranzmaßangabe. Das Fertigmaß (Istmaß) der Bohrung muß zwischen dem Höchstmaß 45,03 mm und dem Mindestmaß 45,0 mm liegen.

> Maßtoleranz T = Differenz Höchstmaß – Mindestmaß. T ist so groß wie möglich und so klein wie nötig zu wählen.
> Zeichnungsmaße ohne Toleranzangabe: Allgemeintoleranzen nach DIN ISO 2768 T1.

7 Prüf- und Montagetechnik

4 Welches Meßergebnis zeigen folgende Meßgeräte?

a) 18,7 mm   b) 6,84 mm

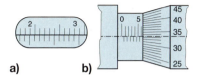

a)   b)

5 Nennen Sie Richtungsprüfgeräte und Prüfaufgaben bei Fertigung und Montage von Metallbaukonstruktionen.

Richt- bzw. Wasserwaage:
Kontrolle der Waagrechten bzw. Senkrechten

Schlauchwaage:
Markieren von gleichen Höhenlagen

Gefällerichtwaage:
Bestimmung von Gefälle

Senklot:
Feststellung der Senkrechten

Neigungsmesser:
Neigungsprüfung

Nivelliergerät:
Messen der Waagrechten und von Höhenunterschieden über große Entfernungen

6 Wozu dient eine „Schlagschnur"?

Markieren von geraden Linien und gleichen Bohrungshöhen.

7 Lösen Sie die Montageaufgabe: Träger l = 7,5 m, Luftblase der Wasserwaage 2 Markierungsstriche nach rechts versetzt (1 Strich = 0,5 mm/m).

Der Träger muß auf der linken Seite um das Maß:

0,5 mm/m × 2 × 7,5 m = 7,5 mm

angehoben werden, damit er „in Waage" liegt.

8 Was ist ein Schnurgerüst und wofür verwendet man es?

Schnurgerüst = eine aus Pfählen und Brettern hergestellte Ecke zur Festlegung von Gebäudeecken und -fluchten.

[9] Was ist ein „Bauwinkel"?

Bauwinkel aus Holz oder Stahl dienen zum Abstecken eines rechten Winkels auf der Baustelle. Kathetenlängen = Verhältnis 3 : 4, Kontrolle durch Einmessen der Diagonalen (3 : 4 : 5)

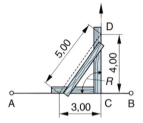

[10] Wann wird ein Richtscheit bei Prüfarbeiten verwendet?

Bei größeren Entfernungen zur Vergrößerung des Meßbereiches der Wasserwaage

> Anlageflächen von Richtwaage und -scheit müssen sauber sein, sonst entstehen erhebliche Meßfehler.

[11] Wie wird die Höhengleichheit eines Fundamentes 30 m × 60 m ermittelt?

a) mit Richtscheit und Wasserwaage
b) mit Nivelliergerät;
   das Prüfergebnis wird genauer

[12] Nennen Sie Püfarbeiten und Prüfwerkzeuge für die Anfertigung eines Treppengeländers.

a) Steigungswinkel: Neigungsmesser und Richtscheit
b) Länge der Ganglinie: Meterstab bzw. Maßband mit Wasserwaage
oder:
waagrechte Treppenlänge und senkrechte Höhe mit Längenmaßstab mit Wasserwaage und Richtscheit messen

[13] Beschreiben Sie das Anbringen von Meterrissen in einem mehrgeschossigen Neubau.

Anzeichnen des „Meterrisses" an den Wänden aller Geschosse in Türnähe: **1,00 m über OFF** (Oberkante fertiger Fußboden) →

7 Prüf- und Montagetechnik

▷ *Fortsetzung der Antwort* ▷ Ausgangshöhe: Erdgeschoß.
Übertragung horizontal und vertikal
mit Lasergerät.

> Vorsicht: Laserstrahlen können
> bei direkter Einwirkung die Augen
> gefährden.

14 Beschreiben Sie die notwendigen Prüfarbeiten bei Aufmaß und Einbau von Stahlzargen.

a) mit Teleskopmaßstab Rohbaumaße der Türöffnung prüfen
b) mit Richtwaage Rechtwinkeligkeit der Laibung prüfen
c) Winkeligkeit der Zarge prüfen und evtl. durch „Aufstoßen über Eck" richten
d) evtl. Meterriß an der Türöffnung festlegen
e) Zarge mit Wasserwaage lot- und fluchtgerecht auf Meterrißhöhe einrichten
f) nach dem Verkeilen durchvisieren, ob die Kanten 1 und 2 parallel verlaufen

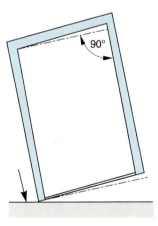

7.2 Montagearbeiten

1 Beschreiben Sie Einzel- und Blockmontage.

a) **Einzelmontage:** Gesamtkonstruktion wird aus vorgefertigten Einzelteilen direkt auf der Baustelle errichtet.
b) **Blockmontage:** Zusammenbau vorgefertigter Einheiten (Blöcke), Vormontage im Betrieb bzw. in der Baustellenwerkstatt.

7 Prüf- und Montagetechnik

▷ Fortsetzung der Antwort ▷

> Die Einzelteile müssen unbedingt signiert, und die Positionsnummern im Montageplan festgehalten werden.

[2] Welche Einzelpläne sind bei der Montage von Großprojekten notwendig?

– Montagefolgeplan
– Baustelleneinrichtungsplan
– Transportplan
– Pläne zum Gründungskörper
– Pläne zur Arbeitssicherheit
– Personaleinsatzpläne

[3] Welche Aufgabe hat ein Montagefolgeplan für die Montage einer großen Stahlhalle?

Montagefolgeplan legt die Einzelteilmontagen und die Phasen des Baufortschrittes fest, koordiniert die zeitlichen Einsätze der verschiedenen Arbeiten zum günstigsten Zeitpunkt.

[4] Nennen Sie Arbeitsregeln für die Zwischenlagerung von Metallbauteilen auf der Baustelle.

Holzzwischenlagen verhindert Kontaktkorrosion   Schlitze für Anschlagmittel

– Stapel kipp- und rutschsicher anlegen
– Signaturen müssen deutlich erkennbar sein
– Zwischenlagen verhindern Beschädigungen an der Oberfläche und Korrosion
– Freiräume erlauben eine Entnahme

> Bauteile aus Aluminium nur auf überdachten Plätzen lagern, Stahlkonstruktionen können im Freien gelagert werden

[5] Welche Sicherheitsregeln sind beim Transportieren von Lasten einzuhalten?

– Montageteile richtig anschlagen
– Lasten nur senkrecht, nicht schräg, anheben
– beim Absetzen der Last auf Monteur achten, Last darf erst →

7 Prüf- und Montagetechnik

▷ *Fortsetzung der Antwort* ▷ nach Sicherung abgehängt werden
- Tragfähigkeit der Hebezeuge und Lastaufnahmemittel beachten
- Anschläger, Kranführer und Monteur müssen die vereinbarten Zeichen und Handbewegungen für das Hantieren mit Lasten beherrschen
- während des Transportes darf sich keine Person im Gefahrenbereich aufhalten

6 Für welche Montagearbeiten sind Leitern zulässig?

Leitern nur bei „Arbeiten geringeren Umfanges"; es muß eine Fallsicherung vorhanden und ein sicherer Stand gewährleistet sein.

7 Welche Sicherheitsvorkehrungen sind bei Montagearbeiten ab 2 m erforderlich?

Arbeitsplätze und Verkehrswege sind mit Schutzgeländern, Fanggerüsten oder Fangnetzen zu sichern.
Sind Schutzeinrichtungen nicht möglich, z. B. in großen Höhen, sind Fallschutzgeschirre zu tragen.

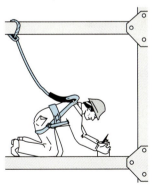

8 Worauf ist bei der Verwendung von Fahrgerüsten zu achten?

- Kippsicherheit
- diagonale Aussteifung
- sichere Aufstiegsmöglichkeit
- feststellbare Rollen
- Aufstellfläche eben und fest →

7 Prüf- und Montagetechnik

▷ *Fortsetzung der Antwort* ▷

> Beim Verfahren dürfen sich keine Personen auf dem Gerüst aufhalten.

9 Welche Verbindungsart ist bei Baustellenmontage üblich?

Schraubenverbindungen
Schweißen nur in Ausnahmefällen

10 Die vormontierte Rahmenkonstruktion einer Stahlhalle soll auf ein Fundament montiert werden. Arbeitsschritte?

a) Einmessen auf dem Fundament
b) Festlegen der Montagepunkte der Rahmen
c) Rahmenkonstruktion auf Montageplatz ablegen
d) Ausrichten und zentrieren der Bauteile am Einbauort
e) Befestigen der Konstruktion
f) Überprüfen der Konstruktion auf Funktion und Sicherheit.

11 Wie wird die Rechtwinkeligkeit einer montierten Stahlhalle überprüft?

Rechtwinkeligkeit durch Prüfen der Diagonalen des Rechteckes feststellen (Satz des Pythagoras). Bei großen Entfernungen und hoher Genauigkeit Theodolit einsetzen.

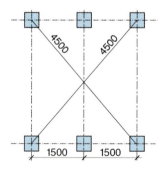

12 Nennen Sie die Baustelleneinrichtungen für eine große Stahlhalle.

– Baustellenumzäunung
– Lager, Werkstatt, Büro und Sozialeinrichtungen →

▷ Fortsetzung der Antwort ▷
- Baustellenstraße und Zufahrtsanschlüsse
- Versorgungsanschlüsse
- Standplätze für Hebezeuge
- Lagerplätze für Rohstoffe

7.3 Befestigen von Bauteilen

1 Welche Faktoren müssen bei der Wahl des Befestigungssystems berücksichtigt werden?

- Konstruktion, z. B. Material, Funktion, Größe
- Untergrund z. B. Art, Festigkeit, „tragend"
- Beanspruchungsart, z. B. Längs-, Querzug, dynamische oder statische Belastung
- Sonderanforderungen, z. B. Korrosions-, Brandschutz

> „Tragende" Konstruktionen gefährden bei Versagen die öffentliche Sicherheit sowie Leib und Leben anderer.

2 Die Steinschraube wird mit ca. 500 N belastet. Sie soll mit Zementmörtel in eine Betonsäule befestigt werden. Arbeitsschritte?

Steinschraube Zementmörtel

Beton gespalten

a) Aussparung einmessen und anreißen
b) Loch in Betonsäule nach hinten erweitert ausstemmen Ankertiefe: 10–12 cm
c) Loch ausblasen und anfeuchten
d) Konstruktion einrichten, abstützen und verkeilen
e) Loch mit Bindemittel z. B. Montagezement, ausgießen

> Die Konstruktion muß fixiert bleiben und kann erst nach der Abbindezeit belastet werden!

7 Prüf- und Montagetechnik

3 Welche Baustoffhauptgruppen unterscheidet man?

a) Beton
b) Mauerwerksbaustoff
c) Plattenbauelemente

4 Welchen Nachteil hat das Bindemittel „Gips"?

– wenig Halt, nur für leichte Teile geeignet
– fault in Feuchträumen und verliert seine Festigkeit
– fördert die Korrosion bei Stahl und Aluminium

5 Welche Vorteile hat die Befestigung mit Ankerschienen an Decken?

Die durchgehenden Schlitze erlauben eine stufenlose Justierung der Konstruktion; Größe der Profile richtet sich nach der Belastung.

6 Welche Unfallverhütungsvorschriften sind beim Bolzensetzen zu beachten?

– Herstellerhinweise und Zulassung beachten!
– Gerät beim Einschießen senkrecht zum Untergrund!
– Rand-, Achsenabstände und Haftlängen einhalten!
– Schutzbrillen und -helme tragen!
– Jugendliche über 16 Jahren dürfen Bolzensetzwerkzeuge nur unter Aufsicht eines Fachkundigen bedienen!
– Nur zugelassene Munition verwenden!

> Bolzentreibwerkzeuge, bei denen die Treibladung den Setzbolzen direkt einschießt, sind verboten!

7 Wie werden bei der Dübelbefestigung Kräfte in den Ankergrund eingeleitet?

– Kraftschluß durch Spreizung
– Stoffschluß durch Verbund
– Formschluß durch Anpassung

Abbildungen zu Frage 7

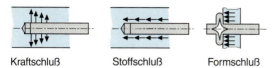

Kraftschluß   Stoffschluß   Formschluß

[8] Bestimmen Sie die Tragmechanismen der Dübel und nennen Sie je ein Anwendungsbeispiel.

Nylondübel → Kraftschluß: z. B. leichte Bauteile in harten Baustoffen
Injektionsanker → Stoffschluß: z. B. Befestigung in porigen Baustoffen
Stahlspreizdübel → Kraftschluß: z. B. Schwerlastbefestigung in Beton
Hinterschnittanker → Formschluß: z. B. Befestigung im Zugzonenbereich von Beton
Hohlraumanker → Formschluß: z. B. Befestigung in dünnwandigen Platten

[9] Welche Aufgaben haben die Sperrzungen an Nylondübeln?

Sperrzungen verhindern das Verdrehen des Dübels beim Eindrehen der Schraube; wichtig, wenn z. B. das Bohrloch etwas größer gebohrt wurde.

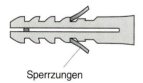

Sperrzungen

[10] Wofür ist der abgebildete Nylondübel geeignet?

Für leichte Befestigungen in **Leichtbeton**. Der Dübel wird in ein vorgebohrtes Loch mit ⌀ „d" eingeschlagen, dabei drehen sich die spiralförmigen Außenrippen in den weichen Werkstoff → es entsteht Formschluß.

7 Prüf- und Montagetechnik

11 Ein Geländerpfosten ist im Randbereich einer Treppe zu befestigen.
Bestimmen Sie Dübelsystem und Arbeitsablauf.

Spannungsfreie Dübelbefestigung, z. B. Stoffschluß durch Verbundanker (Randbereich!)
- Mörtelpatrone aus Glas, in der sich Kunstharz, Härtepulver und Quarzkörner befindet, in Bohrloch stecken
- Gewindestange mit Bohrmaschine im Schlaggang bis zur Einbaumarkierung hineindrehen
- nach Aushärtungszeit Geländerpfosten befestigen

12 Ein Stützenfuß wird mit Schwerlastdübel befestigt.
Wählen Sie das geeignete Verfahren.

Durchsteckverfahren:
Durchgangsloch und Bohrloch haben gleiche Durchmesser.
Vorteile:
- Montageteil dient als Bohrlehre
- Vorbohren entfällt
- hohe Paßgenauigkeit

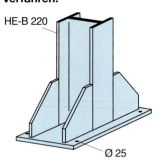

HE-B 220

Ø 25

13 Welche Bauvorschriften gelten bei der Dübelbefestigung von tragenden Konstruktionen in der Zugzone von Decken?

a) für **tragende Konstruktionen** nur zugelassene Dübel
b) in der **Zugzone** von Beton nur Dübel mit Hinterschnittsystem oder nachspreizend kraft- →

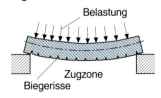

Belastung
Zugzone
Biegerisse

▷ *Fortsetzung der Antwort* ▷ kontrolliert wirkende Dübel einsetzen; Einbaukontrolle über das Anzugsmoment.

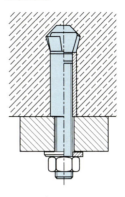

14 Warum muß ein kraftkontrollierter Stahlspreizdübel kontrolliert angezogen werden?

Das Anzugsmoment erzeugt die Dübelspreizkraft. Diese wiederum aktiviert Reibungskräfte (Dübelauszugskräfte).
– Anzugsmoment **zu gering** → Reibungskräfte zu klein
– Anzugsmoment **zu groß** → Reibungskräfte ausreichend, jedoch Schaden am Gewindebolzen möglich

15 Bestimmen Sie Montageart und Mindestlänge *L* der Schraube.

Durchsteckmontage

$L_{min} = (8 + 50 + 10 + 25)$ mm

= **93 mm gewählt:**

Schraube 8×95

> Für einen sicheren Halt muß bei Nylondübeln die Schraube mindestens $1 \times$ Schrauben-∅ herausragen.

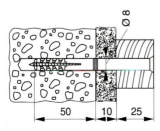

7 Prüf- und Montagetechnik

16 Was wird bei einer Dübelzulassung geprüft und wie erkennt man zugelassene Dübel?

Die Zulassung umfaßt:
- Dübelart (Aufbau, Werkstoff, Kennwerte)
- Baustoff (Art, Abstände, Bauteilabmessungen)
- Korrosions- und Brandschutzverhalten
- zulässige Lasten
- Montage und Kontrolle

> Zugelassene Dübel erkennt man am Prüfzeichen.
> Eine Zulassung gilt nur für das komplette Befestigungselement (Dübel und Schraube) und wird vom Institut für Bautechnik in Berlin erteilt.

17 Welches Bohrverfahren wendet man zweckmäßig an?

- Lochziegel mit porigem Gefüge: Drehbohren
- Beton: Hammerbohren
- Kalksand-Vollstein: Schlagbohren

18 Bestimmen Sie die Versagensart des Dübelsystems und geben Sie mögliche Ursachen an.

a) Bruch des Ankergrundes:
z. B. zu hohe Last F, zu geringe Festigkeit des Ankergrundes

b) Spalten des Untergrundes:
z. B. zu geringe Rand- und Achsabstände, Spreizdruck zu hoch

c) Herausziehen des Dübels:
z. B. Lasten zu hoch

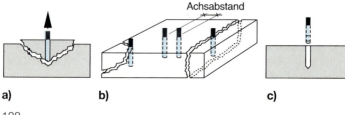

a)   b)   c)

7 Prüf- und Montagetechnik

**19 Der Schwenkkran ist mit Dübeln bündig an eine Wand aus Beton B 45 zu befestigen.
Bestimmen Sie
a) B 45,
b) Dübelart,
c) Montageablauf.**

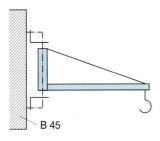

a) B 45 = Normalbeton, $\sigma_d = 45\ N/mm^2$

b) Stahlspreizdübel mit Gewindebolzen

c) Bohrlöcher anzeichnen, mit Hammer bohren, Bohrlöcher säubern, Dübel einschlagen (Einbaumarkierung und tragender Untergrund bündig), Schwenkkran auf Gewindebolzen der Dübel aufsetzen, Muttern mit vorgeschriebem Anzugsmoment festziehen.

> Untergrund frei von Versorgungsleitungen!
> Putz, Isolierung, Fliesen zählen nicht zum tragenden Untergrund.
> Montageanleitungen und Vorschriften des Zulassungsbescheides beachten.

7.4 Hebezeuge

1 Welches physikalische Gesetz gilt an Hebezeugen?

„Goldene Regel der Mechanik":

große Last × kleiner Lastweg = kleine Kraft × großer Kraftweg

2 Für welche Arbeiten werden Hubzuggeräte verwendet?

Ziehen, Spannen und Heben von Lasten, z. B.
- genaues Positionieren von Montageteilen,
- Verzurren von Transportlasten,
- Verlegen von Freileitungen.

7 Prüf- und Montagetechnik

3 Welche Krananlage ist für die Montage einer Fußgängerbrücke mit 12 m Spannweite zweckmäßig?

z. B. Fahrzeugkran mit hydraulisch ausziehbarem Teleskopausleger

Sicherheitsvorkehrungen:
- Stützfüße auf tragfähigen Unterbau
- Sicherheitsabstände sind einzuhalten: 0,6 m zur Straßenböschung und zu Bauwerken, 5,0 m zu elektrischen Freileitungen
- Momentengleichgewicht muß während des Betriebes gewährleistet sein (Ausladung beachten)

4 Welche Einrichtungen dienen zur Aufnahme der Lasten?

a) Tragmittel
b) Lastaufnahmemittel
c) Anschlagmittel

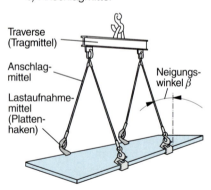

Traverse (Tragmittel)
Anschlagmittel
Lastaufnahmemittel (Plattenhaken)
Neigungswinkel β

5 Welche Bedeutung hat der Spreizwinkel bei Ketten- und Seilgehängen?

Die Spreizung bestimmt die Tragfähigkeit des Anschlagmittels.
Die Kraft im Einzelstrang ist um so größer, je größer der Neigungswinkel β ist. Bei $\beta > 60°$ wird die Tragfähigkeit des Gehänges kleiner →

7 Prüf- und Montagetechnik

▷ *Fortsetzung der Frage und Antwort* ▷

als die Last und die zulässige Belastung der einzelnen Stränge überschritten.

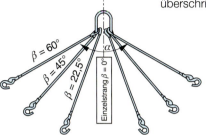

[6] Nennen Sie Sicherheitsregeln beim Anschlagen eines langen sperrigen Bauteiles z. B. Träger.

– zweisträngig bzw. mit Traverse anschlagen
– Anschlagmittel: geprüfte Ketten oder Seile
– gleichmäßige Lastverteilung
– Aufhängung im Schwerpunkt
– Kranführer hat Handzeichen des Anschlägers zu beachten
– Seile bzw. Ketten nicht verknoten und verdrehen
– Lasthaken nur mit Hakensicherung verwenden.

[7] Wozu wird die rote, achteckige Marke benötigt? Welche Bedeutung haben die einzelnen Angaben?

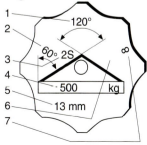

Marke = Kennzeichnungsschild für Anschlagketten. Ohne dieses Achteck dürfen die Ketten nur wie Normalketten nach DIN 766 eingesetzt werden.

1 Spreizwinkel α, 2 Neigungswinkel β, 3 Strangzahl, 4 Tragfähigkeit, 5 Ketten-Nenndicke, 6 Stempelführung, 7 Güteklasse

7 Prüf- und Montagetechnik

8 Wann dürfen Ketten beim Anschlagen nicht mehr benutzt werden?

– Längung der Kette/eines Gliedes > 5 %
– Abnahme der Glieddicke > 10 %
– Verformung, Bruch bzw. Anrisse eines Gliedes
– starke Korrosionsnarben

9 Wann müssen Drahtseile ausgesondert werden?

Anschlagseile altern und müssen bei Brüchen, Quetschungen, Knicken oder Korrosionsnarben abgelegt werden.

10 Welches Lasthebemittel ist dargestellt?

Tragklemme; sie wirkt selbstklemmend und dient zur Beförderung von Blechtafeln.

11 Wie lassen sich Anschlagmittel beim Heben scharfkantiger Lasten schützen?

Seile
durch Kantenschoner

Ketten
durch Zwischenlagen

Holzklötze

8 Bauphysik

8.1 Wärmeschutz

[1] Womit befaßt sich die „Bauphysik"?

„Bauphysik" untersucht den Einfluß auf Gebäude durch
- Wärme von z. B. Sonne, Heizung, Menschen
- Feuchte von z. B. Regen, Schnee, Wasserdampf
- Schall von z. B. Verkehr, Maschinenlärm, Mitbewohnern
- Feuer aus z. B. Fahrlässigkeit, Blitzschlag

[2] Wie kann sich Wärme in Gebäuden ausbreiten?

Wärme breitet sich aus durch Leitung, Konvektion, Strahlung.

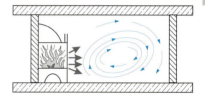

[3] Was gibt die Wärmeleitfähigkeit λ eines Stoffes an?

Die Wärmeleitfähigkeit λ gibt an, wieviel Watt Wärmeenergie pro Stunde beim Durchgang durch eine 1 m dicke Wand „verloren" gehen, wenn der Temperaturunterschied 1 K ist.

[4] Nennen Sie gute und schlechte Wärmeleiter.

Gute Wärmeleiter: Metalle, z. B. Aluminium, Kupfer

Schlechte Wärmeleiter: z. B. Holz, Luft, Dämmstoffe

> Je kleiner λ in W/m × K, desto schlechter ist die Wärmeleitfähigkeit: $\lambda_{Cu} = 380$, $\lambda_{Holz} = 0{,}13$ $\lambda_{Dämmstoffe} = 0{,}03$

8 Bauphysik

[5] Wie läßt sich der Wärmeenergiebedarf eines Gebäudes verringern?

– Erhöhen der Wärmegewinne, z. B. durch Wärmeschutzverglasung
– Verringern der Wärmeverluste, z. B. durch Außenwanddämmung

[6] Worüber gibt der „k-Wert" (= Wärmedurchgangskoeffizient) Auskunft?

Der „k-Wert" gibt an, welche Wärmemenge in Watt durch 1 m Wand pro Stunde verlorengeht, wenn der Temperaturunterschied 1 K beträgt.

> Je kleiner der k-Wert, desto besser ist die Wärmedämmung.

[7] Welche physikalischen Größen sind beim Wärmedurchgang durch ein mehrschichtiges Bauteil zu beachten?

– Wärmestrom Q
– Bauteildicken s
– Temperaturen T_i und T_a
– Wärmeleitfähigkeit λ
– Wärmedurchlaßwiderstand R
– Wärmeübergangswiderstand R_i und R_a

[8] Welche Maßnahmen verbessern den Wärmeschutz an Metallfenstern?

– thermische Trennung zwischen Innen- und Außenseite
– Isolierglasscheiben
– Gummidichtungen zwischen Glas und Rahmen
– Ableiten von Tauwasser nach außen
– Isolierung gegenüber dem Baukörper
– Abdichten der Fugen

[9] Welche Information läßt sich der Rahmenmaterialgruppe RMG entnehmen?

Die RMG weist auf die Bauart des Rahmens hin.

RMG 1: Rahmen aus Holz
RMG 2.1: Metallrahmen mit thermischer Trennung

8 Bauphysik

10 Welches Ziel verfolgt die Wärmeschutzverordnung DIN 4102?

Verbrauch von Primärenergie zum Beheizen von Gebäuden verringern, z. B. durch bessere Außendämmung, Nutzung der Sonnenwärme, geringe Wärmeverluste u. a.

8.2 Feuchteschutz

1 Woher kommt Feuchte in Räumen?

– von **innen** durch zu hohe Luftfeuchtigkeit und Tauwasserbildung an kalten Flächen
– von **außen** durch eindringendes Regenwasser und Erdfeuchte

2 Was bedeutet die Angabe: „Die Luftfeuchtigkeit beträgt 80 %"?

Luftfeuchtigkeit 80 % bedeutet: das Verhältnis von vorhandener Wasserdampfmenge zur theoretisch möglichen Dampfmenge ist 80 %.

> Beispiel: Bei 20 °C kann Luft theoretisch 17,3 g/m³ Wasser aufnehmen; 80 % Luftfeuchtigkeit bei 20 °C bedeutet, die Raumluft enthält 80 % von 17,3 g Wasser, das sind 13,8 g/m³.

3 Was gibt die Taupunkttemperatur an?

Taupunkttemperatur = Temperatur, bei der sich der in der Luft enthaltene Wasserdampf an kalten Flächen als Tauwasser niederschlägt.

4 Wie läßt sich der Tauwasserbildung vorbeugen?

– Oberflächentemperatur von Außenbauteilen erhöhen
– Außenbauteile gut belüften
– Luftfeuchtigkeit vermindern
– Konstruktionen hinterlüften
– Tauwasser nach außen abführen

5 Welchen Zweck hat das Lüften von Räumen?

Feuchte, warme Luft kann entweichen – trockene, kühle Luft kann einströmen.

> Kurzes mehrmaliges Lüften (= Stoßlüften) ist besser als Dauerlüften.

6 Wie erfolgt der Feuchteschutz an thermisch getrennten Metallfenstern?

– Trennung in eine „Naß-" und „Trockenzone"
– Entwässern und Belüften des Glasfalzes
– Abführen von Tauwasser nach außen durch Schlitze

7 Was gibt die Beanspruchungsgruppe beim Fugenschutz an?

Beanspruchungsgruppe = Beanspruchung der Fuge von außen:
Gruppe I: gering
Gruppe II: durchschnittlich
Gruppe III: stark, z. B. Westseite

8 Wie sollen Fugen an Bauwerken verschlossen werden?

guter Fugenschutz = dauerelastischer Dichtstoff mit Zweiflächenberührung

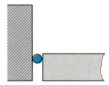

9 In welchem Fall gilt ein Bauwerk als „schlagregensicher"?

Bei gleichzeitiger Beanspruchung durch Wind und Regen darf kein Wasser in das Bauwerk eindringen.

8.3 Schallschutz

[1] Wie breitet sich Schall aus?

Schallausbreitung erfolgt wellenförmig als Luft-, Körper- und Trittschall.

[2] Was bedeuten die schalltechnischen Begriffe „Frequenz" und „Lautstärke"?

Frequenz = Schwingungszahl = Anzahl der Schallschwingungen pro Sekunde [Einheit: Hertz]
Lautstärke = Intensität = Schalldruck [Einheit: dB(A)]

> Je höher die Frequenz, desto höher ist der Ton.
> menschl. Hörbereich:
> 20–16.000 Hertz
> Schalldruck: 0 dB(A) = Hörschwelle bis 120 dB(A) = Schmerzgrenze

[3] Nennen Sie grundsätzliche Schallschutzmaßnahmen.

– Schutz durch Dämmung = Widerstand gegen Schalldurchgang erhöhen
– Schutz durch Absorption, z. B. Dämmstoffe „schlucken" Schallwellen
– Schutz durch Schallvermeidung

[4] Was bedeutet die Angabe: „Schalldämm-Maß = 30 dB(A)"?

Schalldämmaß 30 dB(A) bedeutet: der Schalldruck hat sich beim Durchgang durch das Bauteil um 30 dB(A) vermindert.

[5] Wovon hängt die Wahl der Schallschutzklasse im Metallbau ab?

– Art der Gebäudenutzung, z. B. als Krankenhaus
– Lage des Gebäudes, z. B. an einer Straße
– Forderungen des Bauherrn
– zulässige Kosten

8 Bauphysik

6 Was ist eine „Schallbrücke"?

Schallbrücke = direkte Verbindung von Bauteilen ohne zwischenliegende Dämmung

> Schallbrücken z. B. an Treppen leiten den Trittschall im ganzen Gebäude weiter.

7 Welche Schutzmaßnahme wurde jeweils gewählt?

a) unterschiedliche Scheibendicke
b) große Scheibenmasse
c) schalltechnische Trennung der Einzelscheiben, große Scheibenmasse und „Schwergasfüllung"

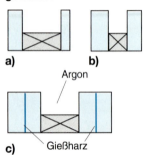

8.4 Brandschutz

1 Nennen Sie grundsätzliche Brandschutzmaßnahmen.

– Wärmedurchgang verzögern, z. B. durch Ummantelungen oder Verkleidungen
– Wärme ableiten, z. B. durch große Profilmassen oder wassergefüllte Stützen

2 Was bedeutet die Angabe „F90 - 1 R-Tür"?

Feuerschutztür mit mind. 90 min Widerstandsdauer, einflügelig, rechts.

3 Welche Füllungen haben Feuerschutztüren?

– schwer entflammbare Stoffe, z. B. Kieselgur, Dämmstoffe
– quellende Stoffe, z. B. blähende Schäume

4 Welche Rechtsvorschriften gelten für Feuerschutztüren?

- Prüfverfahren und Zulassung erforderlich
- Prüfschild notwendig
- Einbau nach Herstellervorschrift
- Türschließer notwendig
- Schließfolgeregler an zweiflügeligen Türen

5 Wie werden Baustoffe nach ihrer Brennbarkeit eingeteilt?

Baustoffe teilt man ein in Baustoffklassen:
A = nicht brennbar, z. B. Beton, Kieselgur
B = brennbar, z. B. Holz

6 Was gibt der Profilfaktor U/A eines Trägers an?

Profilfaktor U/A = Verhältnis der Oberfläche zum Querschnitt

> Je kleiner U/A ist, desto „massiger" ist das Profil und desto geringer die erforderliche Ummantelung des Trägers.

7 Bewerten Sie die Brandschutzmaßnahmen.

a) b)

a) Ummantelung profilfolgend, Profilfaktor U/A groß, beflammte Oberfläche groß: Brandschutz befriedigend
b) Ummantelung kastenförmig, Profilfaktor U/A klein, beflammte Oberfläche klein: Brandschutz sehr gut

8.5 Sonnenschutz

[1] Was gibt der Energiedurchlaßgrad g einer Verglasung an?

Energiedurchlaßgrad g gibt an, wieviel Prozent der Sonnenstrahlungsenergie durch die Scheibe in ein Gebäude gelangen.

> Je größer g, desto mehr Sonnenstrahlung kommt in ein Gebäude.
> Einfachglas: $g \approx 0{,}9$,
> Sonnenschutzglas: $g \approx 0{,}3$

[2] Welchen Zweck haben Sonnenschutzmaßnahmen?

– Gebäude vor Aufheizung schützen
– Personen vor Blendung schützen
– Sachen vor direkter Bestrahlung schützen
– Bedarf an Kühlenergie senken
– Bauschäden vermeiden

[3] Nennen Sie grundsätzliche Sonnenschutzmaßnahmen.

– äußere Beschattungssysteme, z. B. Markisen, Außenrollos, getönte Scheiben
– innere Beschattungssysteme, z. B. Vorhänge, Innenjalousien

> Wirkungsvoller sind äußere Beschattungssysteme, die das Auftreffen von Strahlung auf die Verglasung verhindern.

[4] Wie beeinflußt die Himmelsrichtung die Wahl des Beschattungssystems?

Norden:
keine Beschattung notwendig

Osten und Westen:
Systeme müssen verstellbar sein

Süden:
Strahlungsintensität am höchsten

8 Bauphysik

5 Nennen Sie Vorteile von Gelenkarmmarkisen.

– geringer Platzbedarf
– automatisierbar
– Bespannung auswechselbar
– einfache Montage und Wartung

6 Nennen Sie Möglichkeiten des Sonnenschutzes bei Mehrscheibenisolierglas.

– Jalousie im Scheibenzwischenraum
– Nachdunkeln der Scheiben bei Lichteinfall (Brechungsindex verändert sich)
– Funktionsschicht auf der Außenscheibe, z. B. Metallbedampfung

9 Tore und Türen

9.1 Garten- und Hoftore

[1] Welche Aufgaben haben Garten- bzw. Hoftore?

– Abgrenzung des Grundstückes nach außen
– Gewährung des Zugangs

> Je nach Gestaltung erlauben oder verwehren sie Einblick.

[2] Welche Flügel sind bei Hoftoren üblich?

– Drehflügel (ein- oder zweiflügelig)
– Schiebeflügel
– Versenkflügel

[3] Wie unterscheiden sich Drehtore von Schiebetoren?

Nach Einsatz, Öffnungsweise, Lagerung

Drehtore:
– bei kleineren Zugängen
– brauchen einen Schwenkbereich
– Lagerung über Bänder bzw. Halseisen/Pfanne

Schiebetore:
– bei größeren Durchfahrtsbereichen
– brauchen seitlich Platz zum Verschieben
– Lagerung unten über Laufschiene oder freitragend

[4] Beschreiben Sie an einem zweiflügeligen Drehtor Bauteile und deren Funktion.

Rahmen: nehmen die Last der Füllung auf, leiten sie über die Lagerung in den Torpfosten.
Füllung: bestimmt das Aussehen des Tores, soll mit den Rahmen eine Einheit bilden und ihn stabilisieren.
Torlagerung: dient zum Anschlagen, nimmt Kräfte auf, ermöglicht die Bewegung der Flügel. →

9 Tore und Türen

▷ *Fortsetzung der Antwort* ▷ **Beschläge**: zum Verriegeln und Versperren.
Torpfosten: übernehmen die Kräfte aus der Flügelmasse.

5 Welche Vorteile haben Hohlprofile gegenüber Vollprofilen an Torrahmen?

Rohrprofile haben gegenüber Vollprofilen eine höhere Steifigkeit, sind leichter und billiger.

6 Warum ist ein Torrahmen aus Flachstahl ungeeignet?

Flachstahl ist nicht biegesteif, der Flügel kann **flattern** oder **durchhängen**.

7 Wie läßt sich das „Durchhängen" von Torflügeln vermeiden?

– diagonale Zugstange
– zusätzliche Friesstäbe
– Einschweißen eines Flachstahles, hochkant innen
– stabile Blechfüllung
– mitlaufendes Stützrad
– mitschwenkendes Zugseil

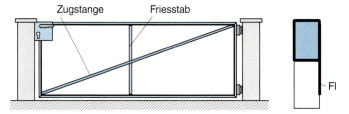

8 Wie kann die Füllung eines Tores gestaltet sein?

– Rund-, Flach- und Hohlprofile
– Gitterfüllungen aus Drahtgeflecht oder geschweißten Matten
– Blech
– geschmiedete Stäbe

9 Tore und Türen

9 **Welche Tore neigen zum „Flattern" und wie läßt sich dies vermeiden?**

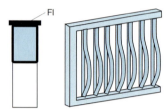

Sehr schmale Flügel, z. B. aus Flachstahl, neigen beim Öffnen und Schließen zum **„Flattern"**.

Abhilfe:
- Flachstahl quer auf dem Obergurt
- Füllung, die aus der Flügelfläche heraustritt

10 **In welchen Fällen „trägt die Füllung eines Tores mit"?**

Wenn die Füllung so gestaltet ist, daß sie ein Fachwerk mit unverschiebbaren Dreiecken bildet.

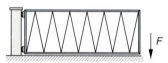

11 **Welche Vorteile haben dreiteilige Bänder gegenüber zweiteiligen?**

- herausnehmbarer Stift erspart bei der Montage das Anheben und Absenken der Flügels
- können höhere Kräfte aufnehmen
- Führung ist stabiler
- Stiftkappen schützen vor Nässe und Schmutz
- Zwischenringe verringern die Reibung

12 **Welchen Nachteil haben warm eingerollte Flügelbänder?**

Gerollte Bänder sind oben offen, verschmutzen und korrodieren leicht, werden im Laufe der Zeit schwergängig.

13 **Wie sorgt man bei der Torlagerung für Leichtgängigkeit?**

Die Gängigkeit einer Torlagerung läßt sich erleichtern durch
- Stahlkugel
- Schmierbohrung
- Messingscheiben

9 Tore und Türen

14 Ein Tor wird mit Halseisen und Pfanne gelagert.
a) Markieren Sie die Lagerstellen.
b) Welchen Belastungen sind Halseisen und Pfanne ausgesetzt?
c) Welche Grundregel gilt für die Höhenlage des Halseisens?

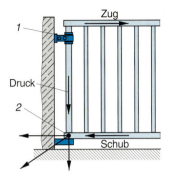

a) * Lager 1 oben = Halseisen
   * Lager 2 unten = Pfanne
b) * Halseisen → Zug
   * Pfanne → Druck und Schub
c) Halseisen möglichst hoch anbringen, verringert die Hebelwirkung.

15 Warum muß beim Halseisen ein Lagerspiel vorhanden sein?

Lagerspiel: ca. 15 mm

Dieser Spielraum verhindert ein Festsetzen des Tores, wenn sich die „Pfanne" abnützt.

16 Welche Aufgaben haben
a) Auflaufkloben,
b) Anschlagleiste,
c) Grendelriegel,
d) Torfeststeller?

a) **Auflaufkloben**
   – Anschlag für den Standflügel,
   – Sitz für schwere Tore im Stand
   – Fixieren des Riegels am Standflügel

b) **Anschlagleiste** (am Standflügel – Außenseite)
   – Anschlag des Gehflügels
   – Schließblech →

9 Tore und Türen

▷ *Fortsetzung der Antwort* ▷

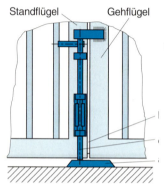

c) **Grendelriegel**
  – verriegelt den Standflügel
  – darf sich bei abgesperrtem Tor nicht öffnen lassen

d) **Torfeststeller**
  – sichert den Gehflügel gegen unbeabsichtigtes Zufallen

17 Welche Aufgabe hat eine Sturmstange?

Sturmstangen findet man noch bei älteren Toranlagen. Sie sichern und stabilisieren den Standflügel.

18 Skizzieren Sie ein ausgeführtes zweiflügeliges Hoftor, und tragen Sie die notwendigen Maße ein.

19 Worauf ist zu achten, wenn ein Flügel aus Hohlprofil verzinkt werden soll?

Wegen Explosionsgefahr beim Verzinken sind bei der Herstellung Zulauf- und Entlüftungsöffnung anzubringen, Größe und Anzahl →Tabellenbücher.

20 Beschreiben Sie das Konstruktionsprinzip eines freitragenden Schiebetores.

– Rahmen mit Füllung ist auf eine Laufschiene geschweißt,
– Rolleinrichtung außerhalb der Toröffnung trägt und führt die Laufschiene,
– Führungsrollen oben verhindern ein Kippen des Tores.

9 Tore und Türen

21 Worauf ist zu achten, wenn der Rahmen eines Schiebetores auf die Laufschiene geschweißt wird?

Schweißverzug durch die starke Wärmeeinwirkung

Gegenmaßnahmen:
– wenig Wärme in die Laufschiene einfließen lassen
– kurze, unterbrochene und versetzte Nähte

9.2 Montage und Antrieb

1 Wie tief soll ein Mauerkloben verankert sein, wenn die Masse des Flügels 90 kg beträgt?

Die Tiefe richtet sich nach der Masse und soll ca. 15 cm betragen. Werte → Tabellenbücher.

2 Was ist bei der Montage eines Drehtores zu beachten?

a) Der **Auflaufkloben** sollte nicht mehr als 40 mm überstehen, keine scharfen Kanten haben und so verankert sein, daß er beim Überfahren weder eingedrückt noch durch Frost gehoben werden kann.
b) Bei der **Anschlagleiste** ist zu berücksichtigen,
– daß sich der Schloßflügel noch setzen kann und
– daß genügend „Luft" wegen der Wärmeausdehnung im Sommer vorhanden ist.

3 Beschreiben Sie die Montage eines Drehtores mit Stahlpfosten.

a) Die Stahlpfosten werden mit der Toranlage starr verbunden und in die vorbereitete Aussparung des Fundamentes gestellt.
b) Nach dem Ausrichten, Fixieren und Abstützen werden die Fundamente um die Pfosten mit schnellbindendem Zement ausgegossen. →

9 Tore und Türen

▷ *Fortsetzung der Antwort* ▷

c) Anschließend wird der Fundamentbalken mit Zementmörtel ausgefüllt.

> Der Fundamentbalken soll immer über die ganze Torbreite ragen, bewehrt und frostsicher tief sein (80 cm). Nur so ist man vor einseitigen Setzungen und Verzug sicher.

4 In welchen Fällen sollte ein Drehtor einen Antrieb erhalten?

Große schwere Tore und solche an gewerblichen Anlagen, die meist nicht mehr von Hand geöffnet oder geschlossen werden können, erhalten einen Antrieb. Elektromotore oder Hydraulikanlagen übernehmen diese Aufgabe.

5 Nennen Sie Montagearten des Gelenkarmantriebes an einem Drehflügel.

- Unterflurmontage
- Überflurmontage
- Überkopf hängend

6 Wie funktioniert der Torachsantrieb eines zweiflügeligen Drehtores?

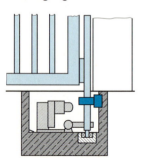

- jeder Flügel ist starr mit einer drehbaren Torachse verbunden
- ein Unterflur-Schneckengetriebe bewegt den Flügel
- eine Vorrangschaltung sorgt für die richtige Reihenfolge beim Öffnen und Schließen

> Bei der Herstellung des Schachtes für Entwässerung und Elektrozuleitung sorgen.

9 Tore und Türen

[7] Für eine steigende Einfahrt ist ein einflügeliges Tor zu entwerfen.
Flügelbreite L = 2,5 m,
Flügelhöhe B = 1,2 m,
Abstand der Bänder a = 1000 mm,
Steigungswinkel α = 8°.
Beschreiben Sie den Konstruktionsablauf.

a) Überprüfung der Maße am Bau
b) Höhendifferenz H des geöffneten Flügels bestimmen: H = sin α · L = sin 8° · 2500 mm = **348 mm**
c) Versatz „x" der Flügelhinterkanten in Drehpunkthöhe bei D_o berechnen:
x = tan α · a = tan 8° · 1000 mm = **140,5 mm**
d) Abstand „y" der Drehpunktebenen berechnen:
$y = x/2$ = 140,5 mm/2 = **70,25 mm**
e) Oberen Drehpunkt D_o festlegen und Flügel in geöffnetem Zustand zeichnen
f) Flügelkanten in Höhe des unteren Bandes D_u um das Maß „x" versetzt in geöffneter Stellung zeichnen
g) Unteren Drehpunkt D_u mit Hilfe des Abstandes „y" konstruieren

[8] Ein unten laufendes Schiebetor muß an einer schrägen Einfahrt montiert werden.

Das Tor muß in jeder Lage stillstehen, z. B. durch die Montage eines Gegengewichtes.

[9] Wie wird bei einem Laufschienentor ein „Herausspringen" aus der Schiene verhindert?

Abstand „x" der Konsole der Führungsrollen zur Toroberkante muß kleiner sein als die Rillentiefe t der Laufrollen.

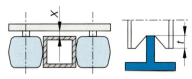

[10] Beschreiben Sie die Montage der Laufschiene aus T-Profil.

– beim Betonieren des Fundamentes Kanthölzer für Schienen und Pfostenaussparung einlegen →

9 Tore und Türen

▷ *Fortsetzung der Antwort* ▷
- Schiene mit Tor montieren, ausrichten und fixieren
- Aussparungen ausgießen

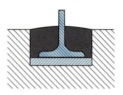

11 Welche Vorteile hat ein Schiebetorantrieb mit Schneckentrieb und Getriebemotor?

Geringe Torgefälle lassen sich ohne Gegengewichte überwinden, da ein Schneckentrieb selbsthemmend ist und das Tor in jeder Lage „festhält"; Kupplung begrenzt die Schließkraft und vermeidet Quetschungen.

12 Welchen Vorteil haben Tore aus Systemkonstruktionen?

Aus einem System zueinander passender Profile und Beschlagteile wird die Konstruktion gefertigt und nach dem Baukastenprinzip montiert.

9.3 Garagen- und Hallentore

1 Nennen Sie Bauarten von Hallentoren.

- Schiebetore, oben gelagert
- Sektionaltore
- Falttore
- Rolltore

Ausführung: einwandig aus Sickenblech oder doppelwandig in Sandwichbauweise mit Isolierfüllung.

2 Welche Tore sind an Garagen üblich?

Schwingtore mit oder ohne Deckenlaufschiene.
Öffnung manuell oder mit elektr. Seilzug.

9 Tore und Türen

[3] Welchen Vorteil haben Kipptore und wo werden sie eingesetzt?

Kipptore schwingen beim Öffnen nicht nach vorne aus; sind ideal für Garagen mit schmalem Vorplatz oder für Innenräume, z. B. Geräteräume in Turnhallen.

[4] Welchen Vorteil haben Teleskopschiebetore?

Zwei oder mehrere Torflächen schieben sich ineinander; dadurch verringert sich die Abstellfläche für Torblätter.

[5] Welche Vorschriften gelten für Schiebetore, die als Feuerabschlüsse in Industriehallen dienen?

Tore müssen **selbsttätig schließen**, z. B. durch ein Schließgewicht, das mit dem Torblatt verbunden ist.

> Im Öffnungs- und Schließbereich von Feuerabschlüssen dürfen sich weder Personen aufhalten noch Gegenstände abgestellt werden. Dieser Bereich ist zu kennzeichnen, z. B. durch
> – schräge gelbe Streifen am Boden,
> – Stützen, die sich rasch umlegen lassen oder
> – Hinweissymbole am Tor.

[6] Beschreiben Sie die Funktion des Sektionaltores.

– werden auf der Halleninnenseite montiert
– Torblatt besteht aus übereinander gesetzten **Sektionen**
– Torblatt wird beim Öffnen senkrecht nach oben geschoben, im Bogen von 90° umgelenkt und hinter dem Torsturz waagerecht unter der Decke abgestellt
– Torsionsfeder hält das Tor in jeder Lage fest

9 Tore und Türen

⟦7⟧ Wie bleibt an Falttoren beim Öffnen die lichte Durchfahrtsbreite erhalten?

Die Laufschiene muß im Bogen um die seitliche Torkante herumgeführt werden, damit die zusammengefalteten Torblätter um mehr als 90° geschwenkt werden können.

⟦8⟧ Was sind „Florentiner"?

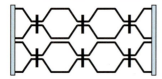

Mäanderförmig gebogene Rundstäbe sind mit lockeren Klammern miteinander verbunden und verwehren als Rolltor besonders nachts den Zugang zu gefährdeten Objekten, z. B. Schaufenster.

⟦9⟧ Wie läßt sich ein Rolltor gegen Abstürzen sichern?

Eingebaute **Fangvorrichtungen** verhindern ein Abstürzen des Rollpanzers, wenn ein Bauteil an der Aufrollmechanik versagt.

⟦10⟧ Welche Aufgaben haben Schließkantensicherungen?

Schließkantensicherungen stoppen ein Tor sofort, wenn sich eine Person oder ein Objekt im Schutzbereich aufhalten.
Bauarten: Schaltleisten, Lichtschranken, Kontaktschläuche.

⟦11⟧ Welche Sicherheitseinrichtungen müssen an Hallentoren mit elektrischen Antrieben vorhanden sein?

– Sicherung gegen Herausspringen aus den Führungen
– selbsttätiger Endlagenschalter
– Schließkantensicherungen
– NOT-AUS-Schalter für Gefahren oder Energieausfall
– eine Notentriegelungsvorrichtung zur manuellen Betätigung
– Fangvorrichtungen, z. B. bei Rolltoren

9 Tore und Türen

9.4 Metalltüren

1 Welche Aufgaben haben Türen?
- Raum- bzw. Gebäudeabschluß nach außen
- Ausbreitung von Feuer, Gasen, Lärm verhindern
- vor Witterungs- und Umwelteinflüssen zu schützen

2 Welche Vorzüge besitzen Metalltüren?
- maßbeständig bei Temperaturschwankungen und Feuchtigkeit
- hygienisch unbedenklich

3 Welche Türarten unterscheidet man nach der Öffnung?

Flügel-, Schiebe-, Pendel-, Hebe-, Fall-, Dreh- und Teleskoptüren

4 Erläutern Sie die Bezeichnung „DIN Links" und „DIN Rechts".

= Normangaben zur Öffnungsrichtung von Flügeltüren
Nach **DIN 107** gilt:
Man betrachtet die Tür von der Bandseite:
- Bänder links → DIN Links Tür
- Bänder rechts → DIN Rechts Tür

5 Welche Bauteile gehören zu einem Türelement?
- Außenrahmen (Zarge)
- Türflügel (Türblatt)
- Bänder
- Verschlußeinrichtung

6 Nennen Sie Einzelteile von Verschlußeinrichtungen an Türen und ihre Aufgabe.

Schließblech: nimmt Falle und Riegel des Schlosses auf
Drücker: betätigt die Falle und dient zum Schließen und Öffnen einer Tür
Schloß: ermöglicht das Verschließen und Versperren einer Tür

9 Tore und Türen

[7] Welcher Zusammenhang besteht zwischen Rohbaumaß (RR) und Baumaß?

Rohbaumaße (RR) = Vielfaches von 125 mm (1/8 m)
Beispiel: Türöffnung 7 × 16
RR-Maße:
Breite = 7 × 125 mm = 875 mm
Höhe = 16 × 125 mm = 2000 mm

Baumaß ist um die Fugenbreite 5 mm größer als RR
Breite der lichten Öffnung:
B = RR + (2 × 5) mm
Höhe von Unterkante Sturz bis OFF:
H = RR + 5 mm
Für fugenlose Bauteile gilt:
Baumaß = RR

[8] Entschlüsseln Sie die Normbezeichnung: Stahltür 1d 1125 × 2000 DIN Links U.

Stahltür, einflügelig, doppelwandig, Laibung RR 9 × 16, DIN Links, mit Umfassungszarge

[9] Wovon hängt die Bauform einer Zarge ab?

Wandaufbau und Türblattausführung bestimmen die Bauformen der Zargen, z. B.
a) Umfassungszarge (U)
b) Eckzarge (E)

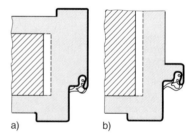

[10] Was ist ein „Meterriß" am Bau?

Der Meterriß ist eine Markierung, die genau 1 m über der Oberfläche des fertigen Fußboden (OFF) liegt. Dieser ist notwendig, damit alle Türen auf gleichem Höhenniveau liegen.

9 Tore und Türen

11 Welche Aufgaben haben Türbänder?

– Befestigen des Türblattes an der Zarge
– Aufnahme des Gewichtes des Türflügels
– Ermöglichen der Drehbewegung

12 Welche Einstellmöglichkeiten bieten Zapfenbänder mit Exzenterbolzen?

Es sind, ohne das Blatt aushängen zu müssen, Justierungen bis 2 mm möglich.

13 Welche Metalltüren werden im Metallbau hergestellt? Nennen Sie je ein Beispiel.

– einwandige Stahlblechtüren, an die keine besonderen Anforderungen gestellt werden, z. B. Kellertüren
– doppelwandige Stahltüren mit genormten Eigenschaften, z. B. Feuerschutztüren
– Türen aus Aluminiumsystemprofilen, z. B. Haustüren
– Türen aus RP-Profilen, z. B. Rauchschutztüren
– Gittertüren, meist mit geschmiedeter Füllung, z. B. Schutztüren für Einlaßpforten

14 Welche Aufgaben haben Türschließer?

– Schließen eine Tür selbsttätig,
– sind Pflicht bei Rauch- und Feuerschutztüren

15 Nennen Sie Bauarten, Montage und Anwendung von Türschließern.

Rahmentürschließer: Einbau in Profilkammer, für Anschlag- und Pendeltüren
Obentürschließer: für Anschlagtüren
Normalmontage: Schließer bandseitig am Flügel montiert
Kopfmontage: Schließer am Rahmen gegenüber der Bandseite montiert
Bodentürschließer: im Fußboden eingelassen, für Anschlag- und Pendeltüren

9 Tore und Türen

16 Was kann an einem Türschließer eingestellt werden?

– Endanschlag
– Schließgeschwindigkeit und
– Öffnungsdämpfung

17 Wie funktionieren Pendeltüren?

Sie sind selbstschließende, nach beiden Seiten durch den Rahmen schwingende Türen. Öffnungswinkel beidseitig > 90°.

18 Wie ist die Öffnungsweise von Anschlagtüren?

Anschlagtüren öffnen meist nach innen. In besonderen Fällen, z. B. Versammlungsstätten, Schulen, nach außen.

19 Beschreiben Sie die Herstellung einer Flügeltür aus RP-Profil.

– Maßaufnahme am Bau
– Rahmenmaß berechnen, Rahmen herstellen
– Flügelmaße bestimmen, Kammermaß beachten, Flügel verschweißen
– Flügel in Rahmen einpassen, Bänder anschweißen Anschweißlehren benützen
– Öffnungen für Verschlußeinrichtungen anbringen
– Dichtungen in die Profilnuten einsetzen
– Beschläge einbauen, Türe evtl. verglasen

20 Worauf ist bei der Montage einer Tür zu achten?

– Rahmen lotrecht einbauen
– Flügel muß allseitig am Rahmen aufliegen
– Verankerung im Bereich der Bänder
– Höhenlage nach Meterriß
– Dehnungsfugen vorsehen

21 Wo werden Panikverschlüsse benötigt?

Für Ausgangstüren und Notausgänge von Versammlungsstätten, Schulen usw. →

© Holland + Josenhans

9 Tore und Türen

▷ *Fortsetzung der Antwort* ▷

> Panikverschlüsse müssen von innen auch im abgeschlossenen Zustand ohne Schlüssel zu öffnen sein.

22 Wie funktioniert eine Panikschloßgarnitur an einer zweiflügeligen Tür?

Durch Betätigen des Paniktreibriegels werden Falle und Riegel des Panikschlosses durch den Fallen- und Riegelschub aus dem Gegenkasten gedrückt. Sofort können dann beide Türflügel schlagartig geöffnet werden.

9.5 Feuerschutztüren

1 Welche Aufgabe haben Feuerschutztüren?

Feuerschutztüren sollen im geschlossenen Zustand dem Durchgang eines Feuers für bestimmte Zeit Widerstand leisten.

2 In welchen Fällen sind Rauchschutztüren vorgeschrieben?

Überall dort, wo Feuerschutztüren nicht vorgeschrieben sind, aber rauchfreie Fluchtwege nötig sind. Rauchschutztüren verhindern im geschlossenen Zustand den Durchgang von Rauch.

3 Welche Anforderungen und Vorschriften gelten für Feuerabschlüsse?

– selbstschließend
– Bauweise und Einbau müssen den „baupolizeilichen Bestimmungen über Feuerschutz" und DIN-Normen entsprechen
– müssen bauaufsichtlich zugelassen sein
– Kennzeichnungsschild.

> Nachträgliche Änderungen an Feuerschutztüren sind verboten!

9 Tore und Türen

[4] Welche Angaben sind auf dem Kennzeichnungsschild?

- Herstellername und -nummer
- Feuerwiderstandsklasse
- Fertigungsjahr
- Angabe der Überwachungsstelle
- DIN-Nummer bzw. Zulassungsnummer

[5] Nach welchen Kriterien unterscheidet man Feuerschutztüren?

Man unterscheidet sie nach:
- der Brandprüfnorm (DIN 4102) T 30 – T 180
- der Konstruktionsgröße: Bauarten A, B, C
- Öffnungsrichtung: DIN links und DIN rechts
- der Flügelzahl: ein- und zweiflügelig

[6] Wie unterscheiden sich feuerhemmende von feuerbeständigen Türen im Brandverhalten?

Feuerhemmende Türen (T 30- und T 60-Türen) leisten dem Feuer max. 30 bzw. 60 Minuten Widerstand. Sie werden überwiegend als Abschluß für Lager, Keller- bzw. Bodenräume genommen.

Feuerbeständige Türen (T 90- und T 120-Türen) leisten einem Feuer mind. 90 bzw. 120 Minuten Widerstand. Sie werden als Abschluß brandgefährdeter Räume, z. B. Heizungskeller, Konzerträume, vorgeschrieben.

[7] Wie lange leisten T 180-Türen dem Feuer Widerstand?

Mindestens **180 Minuten.**
Dies ist die höchste Feuerwiderstandsklasse, hochfeuerbeständig.

[8] Welche Schlösser müssen feuerbeständige Türen haben?

Dreifallenschlösser: bei Betätigung der Falle im Hauptschloß werden über eine Übertragungsstange die Fallen in den Zusatzschlössern betätigt.

9 Tore und Türen

9 Welche Feuerabschlüsse zählen zur Bauart „C"?

Bauart „C" = untere Konstruktionsgröße, z. B: Feuerschutzklappen für Öllagerräume.

10 Welche Schließmittel sind bei Feuerschutztüren vorgeschrieben?

– Türschließer mit hydraulischer Dämpfung oder Federbänder
– Federbänder nur bis 80 kg Blattgewicht

> Beide Schließmittel müssen so eingestellt sein, daß die Feuerschutztür selbsttätig schließt.

11 Wie wird ein Federband nachgestellt?

– Spannring nach rechts drehen
– Feder muß hörbar einrasten

> Der Vorgang muß so oft wiederholt werden, bis die Türe selbsttätig aus 45° Öffnungswinkel schließt.

12 Welchen Zweck haben Schließfolgeregler an Brandschutztüren?

Schließfolgeregler sorgen dafür, daß die Türflügel in der richtigen Reihenfolge schließen: **Stand- vor Gangflügel**.

13 Beschreiben Sie Sicherheitsbeschläge und deren Funktion an einer zweiflügeligen Rauchschutztür in einem Krankenhaus.

Feststellanlage: hält die Tür offen.
Rauchmelder: löst bei einer bestimmten Rauchkonzentration die Schließeinrichtung aus.
Türschließer: schließt die Tür automatisch.
Schließfolgeregler: regelt die Schließfolge (Stand- vor Gangflügel).

14 Entschlüsseln Sie die Bezeichnung:
Stahltür T 60 - 1 R
950 × 2000 A DIN 18082

T 60: Widerstandsklasse. Feuerhemmende Tür (fh), (leistet dem Feuer 60 min Widerstand)
1: Zahl der Flügel →

9 Tore und Türen

▷ *Fortsetzung der Antwort* ▷   R: Öffnungsrichtung (DIN Rechts)
950: Türbreite in mm (RR-Maß)
2000: Türhöhe in mm (RR-Maß)
A: Konstruktionsgröße (Bauart A)
DIN 18082: Normung für die
Konstruktion

10 Schlösser und Schließanlagen

10.1 Schloßarten und Maße

[1] Welche Schlösser unterscheidet man nach der Bauart?

– Vorhängeschlösser
– Kastenschlösser
– Einsteckschlösser

[2] Welche Schlösser unterscheidet man nach Art und Form des Schlüssels?

Buntbart-, Besatzungs-, Chubbschlösser, Schlösser mit Schließzylinder, elektronische Schlösser mit „Schließkarte" oder „Zahlencode"

[3] Benennen Sie Art und Bauteile des Schlüssels

a) Reide
b) Schaft
c) Bart
d) Zäpfchen
e) Gesenk

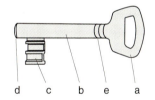

d c b e a

[4] Erläutern Sie die Hauptmaße
a) Dornmaß
b) Entfernung
c) Tour.

a) Dornmaß: Abstand Mitte Nuß bis Vorderkante Stulp

b) Entfernung: Abstand Mitte Nuß bis Mitte Schlüsselloch

c) Tour: Weg des Riegels bei einer Schlüsseldrehung

[5] Wie erkennt man ein „Rechtes Einsteckschloß"?

„Linke Hand-Regel": Schloß mit Schloßboden auf die flache linke Hand legen, sind Falle und Stulp rechts vom Schlüsselloch ⇔ Rechtes Einsteckschloß.

10 Schlösser und Schließanlagen

6 Bezeichnen Sie Bauteile des Schlosses.

a) Stulp
b) Schloßboden
c) Riegel
d) Falle
e) Zuhaltungen
f) Nuß
g) Wechsel
h) Nußfeder

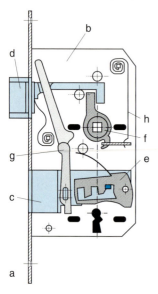

7 Worauf weist die Nummer auf einem Buntbartschlüssel hin?

Die Nummer gibt die Art der Schweifung an.

8 Woran erkennt man Schlüssel für Besatzungsschlösser?

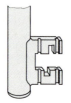

Der Bart besitzt einen Mittendurchbruch und oft zusätzliche Aussparungen für Reifen auf dem Besatz.

10 Schlösser und Schließanlagen

[9] Worauf beziehen sich alle Maße an Riegel und Schlüssel?

Alle Maße beziehen sich auf eine Tour, das ist der Weg des Riegels bei einer Umdrehung.

[10] Wie sperrt ein Chubbschloß?

Die Einkerbungen des Bartes heben die Zuhaltungsbleche unterschiedlich hoch und geben den Tourstift auf dem Riegel frei, der Schlüssel bewegt beim Weiterdrehen den Riegel um eine Tour.

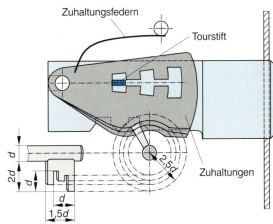

[11] In welchem Fall gilt ein Chubbschloß als „aufsperrsicher"?

Es muß mindestens fünf Zuhaltungsbleche besitzen; sie lassen sich nicht mehr einzeln durch Winkelhaken so präzise hochheben, daß sie den Riegel freigeben.

[12] Was ist beim „Nachschließen" zu beachten?

– Berechtigung des Auftraggebers prüfen
– Beschädigungen möglichst gering halten
– „Nachsperrzeug" (= Dietrich) sicher verwahren

© Holland + Josenhans

10 Schlösser und Schließanlagen

13 Wie erfolgt das „Nachsperren" eines Buntbartschlosses?

Ersten Winkelhaken durch das Schlüsselloch einführen und Rasthaken hochheben, zweiten Winkelhaken einführen und Riegel am Riegeleingriff zurückschieben.

14 Was ist ein „Eingerichte"?

Eingerichte = Labyrinth, meist an Renaissance-Schlössern, das nur das Einführen des passenden Schlüssels erlaubt.
Oft ist es komplett auswechselbar und wird dann als „Kapelle" bezeichnet.

15 Bezeichnen Sie die Stilepochen der Schlösser.
a)

a) Gotik: schildförmiges Schloßblech, Führungsleiste für den Schlüssel
b) Renaissance: Schloßkasten geschlossen mit herzförmigen Ansatz, Schloßdecke mit reichen Ornamenten verziert

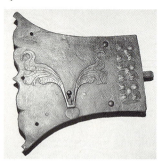

b)

16 Was ist ein „Katzenkopf-Schloß"?

Türschild in Form eines Katzenkopfes; wurde früher von Schlossern oft als Zunft- und Erkennungszeichen gewählt, zusammen mit dem Gruß „Stück davon".

10 Schlösser und Schließanlagen

10.2 Schließzylinder

[1] Welchen Vorteil haben „Zylinderschlösser"?

Schließmechanismus (Schloß) und Sperrmechanismus (= Zylinder) sind voneinander getrennt.

[2] Benennen Sie die Einzelheiten des Zylinders.

a) Zylinderkörper
b) Zylinderkern
c) Schlüsselkanal
d) Schließnase, bewegt den Riegel
e) Gewinde für Stulpschraube (M 5)

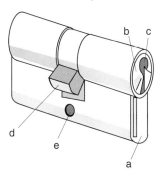

[3] Wodurch erhält ein Schließzylinder seine besondere Sicherheit gegen „Nachsperren"?

Sicherheit durch die
– Profilierung des Schlüsselschaftes
– Art und Anzahl der Zuhaltungsstifte
– Möglichkeit, Zylinder zu Schließanlagen zu kombinieren, für die Ersatzschlüssel nicht frei verkäuflich sind

[4] Wodurch läßt sich die Sicherheit von Schließzylindern erhöhen?

Erhöhte Sicherheit bieten z. B.:
– zwei Reihen Zuhaltungsstifte
– Aufbohrschutz durch gehärtete Stahlplatte
– zusätzlicher Magnetschutz
– Sperr-Rippenprofile

[5] Warum haben Schließzylinder unterschiedliche Baulängen?

Verschiedene Türstärken und Türarten erfordern unterschiedlich lange Zylinder, mit einem Meßschlüssel wird die beidseitige Verlängerung ermittelt.

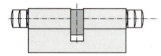

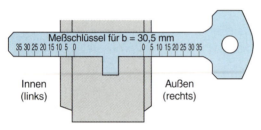

[6] Was ist ein Wendeschlüssel?

Der Schlüssel wird flach in den Schlüsselkanal eingeführt, Ober- und Unterseite sind identisch.

[7] Was ist ein Partnerschlüsselsystem?

Der Zylinderschlüssel ist geteilt. Die beiden Schlüsselhälften werden von unterschiedlichen Personen verwahrt. Nur zusammen können sie sperren.

[8] Wie funktioniert ein elektronisches Schließsystem?

Ein Chip im Zylinder vergleicht die Daten des Schlüssels mit denen des Zylinders und gibt die Drehung frei, falls beide zusammengehören.

10.3 Schließanlagen

[1] Welche Arten von Schließanlagen unterscheidet man?

– Zentralschloßanlage
– Hauptschlüsselanlage
– General-Hauptschlüsselanlage
– Hauptschlüssel-Zentralschloßanlage
– Codegesteuerte Schließanlage

[2] Wo sind Zentral-Schloßanlagen üblich?

Zum Beispiel bei Miethäusern: jede Wohnung hat einen eigenen Schlüssel, der jedoch auch Gemeinschaftsräume und die Haustür sperrt.

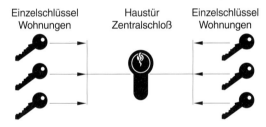

[3] Was kennzeichnet Hauptschlüsselanlagen?

Der übergeordnete Hauptschlüssel sperrt alle Räume, die Einzelschlüssel nur die Einzelräume; üblich bei kleinen Bürogebäuden.

[4] Warum sind General-Hauptschlüsselanlagen für große Bürogebäude und Betriebe besonders geeignet?

Es lassen sich Bereiche bilden, in denen alle Türen mit jeweils einem Gruppenschlüssel gesperrt werden können.
Mehrere Bereiche lassen sich zusammenfassen, diese Oberbereiche sperrt der übergeordnete Hauptgruppenschlüssel, der Generalhauptschlüssel sperrt alle Türen.

→

10 Schlösser und Schließanlagen

▷ *Fortsetzung der Antwort* ▷ Für jede Tür läßt sich ein (einfacher) Schlüssel bestimmen, der nur diese Tür sperrt.

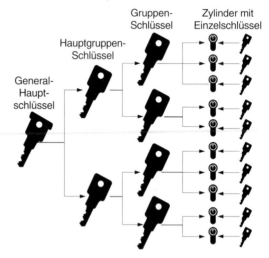

5 Wozu dient ein Schließplan?

Ein Schließplan listet alle Türen auf, ordnet sie Bereichen zu und gibt an, welche Schlüssel welche Türen, Bereiche und Oberbereiche sperren.

6 Welche Vorteile haben codegesteuerte Schließanlagen?

Zugangsberechtigung läßt sich sehr schnell ändern, z. B. durch Ändern eines Zifferncodes an der Tür oder durch „Programmieren" einer Magnetkarte. Bei Verlust der Magnetkarte muß die Schließanlage nicht ausgewechselt, sondern nur der Code geändert werden.

7 Welche Planungsaufgaben fallen bei Erstellung einer Schließanlage an?

– Art und Umfang der Anlage ermitteln
– Schlösser bestimmen (Einsteck-, Rohrrahmenschlösser) →

10 Schlösser und Schließanlagenk

▷ *Fortsetzung der Antwort* ▷
- Zylinderarten und -längen bestimmen
- Zylinder und Schlüssel bestellen
- Schlösser und Zylinder einbauen
- Anlage regelmäßig warten

8 Welche Bedeutung haben Sicherungskarte bzw. Sicherungsschein?

Nur der Inhaber der Sicherungskarte bzw. des Sicherungsscheins ist berechtigt, Nachschlüssel für Schließanlagen zu bestellen bzw. weitere Zylinder für eine Erweiterung der Anlage.

10.4 Einbruchschutz

1 Welche Maßnahmen erhöhen den Einbruchschutz?
- Gitter vor Glasflächen
- Weitwinkel-Türspione
- aufbohrsichere Sicherheitsbeschläge
- abschließbare Fenstergriffe
- abschließbare Sperrketten
- Querriegelschlösser

2 Was ist bei der Zylindermontage zu beachten?
- möglichst Schließanlagen empfehlen
- Zylinder muß mit dem Türschild bündig sein
- massive Schließbleche montieren

3 Nennen Sie passive Schutzmaßnahmen gegen Einbruch.
- Bewegungsmelder
- Erschütterungsmelder
- Panikbeleuchtungen

11 Stahltreppen

11.1 Arten und Bauformen

[1] Wie lassen sich Treppen einteilen?

Einteilung der Treppen nach
- dem Einbauort: Innen-, Außen-, Industrietreppen
- den Läufen: einläufig, mehrläufig
- der Richtung: geradläufig, gewendelt, links, rechts
- dem Tragsystem: Holm-, Wangen-, Spindeltreppen, Hängekonstruktionen
- der Nutzung: Hauptverkehrs-, Nebentreppen

[2] Was kennzeichnet
- **Wangentreppen?**
- **Einholmtreppen?**
- **Zweiholmtreppen?**
- **Spindeltreppen?**

Lage und Befestigung der Tritte an der tragenden Konstruktion:
- Wangentreppen: Tritte <u>zwischen</u> Wangen
- Einholmtreppen: Tritte <u>auf</u> einem Mittelholm
- Zweiholmtreppen: Tritte <u>auf</u> zwei Holmen
- Spindeltreppen: Tritte einseitig an einer Spindel

[3] Wie unterscheiden sich Spindeltreppen von Wendeltreppen?

Unterscheidung im Tragsystem:
Spindeltreppen → Spindel
Wendeltreppen → gewendelte Wangen

[4] Geben Sie die Treppenmaße an.

l = Treppenlauflänge
b = Treppenlaufbreite
a = Auftritt
p = Podesttiefe
s = Steigung
u = Unterschneidung

→

11 Stahltreppen

▷ *Fortsetzung* ▷

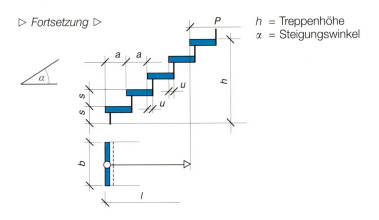

h = Treppenhöhe
α = Steigungswinkel

[5] Wie wird der Gehbereich (= Ganglinie) einer Treppe zeichnerisch dargestellt?

Ganglinie = gedachte Laufbereich in der Treppenmitte

Antrittstufe = Kreis, dünne Vollinie = Gehbereich, Austrittstufe = Dreieck

Bei schmalen Spindeltreppen rückt die Ganglinie nach außen.

a)

b)

[6] Wo wird die Laufbreite gemessen?

Laufbreite = Abstand der Innenkanten der Handläufe

11 Stahltreppen

[7] Welche Maße bestimmen die Steigung einer Treppe?

Auftritt a und Steigung s

> a und s müssen in bestimmtem Verhältnis zueinander stehen:
> $2s + a = 59-65$ cm ($\approx$ Schrittlänge eines Erwachsenen),
> ergibt einen Steigungswinkel von ca. 30° und eine bequem begehbare Treppe.

[8] Welche Vorschriften und Regeln sind im Treppenbau zu beachten?

– Landesbauordnungen
– DIN-Vorschriften z. B. DIN 18 065, DIN 24 530
– „Treppenregeln":
  a) Schrittmaßregel: $2s + a = 59 - 65$ cm
  b) Sicherheitsregel: $a + s = 46 \pm 1$ cm
  c) Bequemlichkeitsregel: $a - s \approx 12$ cm

> Beispiel: Steigung $s = 17$ cm, Auftritt $a = 29$ cm
> a) 2×17 cm $+ 29$ cm $= 63$ cm
> b) 29 cm $+ 17$ cm $= 46$ cm
> c) 29 cm $- 17$ cm $= 12$ cm
> → alle Regeln erfüllt

[9] Welche Unfälle können an Treppen auftreten, wenn Regeln nicht eingehalten werden?

– Auftritt $a <$ 250 mm: Sturzgefahr, da die Auflage für die Fußsohle zu kurz ist
– Auftritt $a >$ 330 mm: Stolpergefahr, da die Tritte zu breit sind
– s zu groß: Treppe wird zu steil

11 Stahltreppen

10 Was zeigt das Diagramm?

Zusammenhang von Steigung und Auftritt: je steiler eine Treppe ist, desto kleiner muß der Auftritt und desto größer die Steigung gewählt werden.

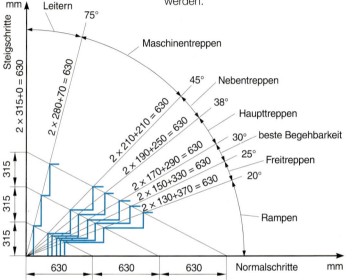

11 Mit welchen Verkehrslasten ist für Einzelstufen zu rechnen?

Wohngebäude: $F = 1{,}5$ kN
öffentliche Gebäude: $F = 2$ kN
Industrietreppen: $F > 2$ kN

12 Wann spricht man von „linker", wann von „rechter Treppe"?

Bestimmend ist die Laufrichtung beim Besteigen:
linke Treppe → links
rechte Treppe → rechts

13 Welche Vorschriften gelten für Steigleitern?

– ab 5 m Absturzhöhe: Rückenschutz notwendig →

11 Stahltreppen

▷ *Fortsetzung der Antwort* ▷
- Rückenschutz 2,2–3 m ab Oberkante Fußboden
- dürfen keine „notwendigen Treppen" sein
- für Profilquerschnitte gilt DIN 24532
- Abstand der Sprossen max. 280 mm
- Abstand der Holme max. 500 mm

14 Was bedeutet die Angabe: Leiter DIN 24 532 - B 9,5 - 2,5?

Leiter mit 9,5 m Absturzhöhe, Beginn des Rückenschutzes bei 2,5 m, gefertigt nach DIN 24532.

11.2 Bauteile

1 Aus welchen Profilen fertigt man Tragkonstruktionen?

- Wangen: Fl, Blech, U-, L-Profil, Vierkantrohr
- Holme: Vierkantrohr, HE-A-Profil, U-Profil
- Hängekonstruktionen: Seile, Rd-Profil

2 Was bestimmt die Profilgrößen der Tragkonstruktion?

Stützweite, Treppenbreite und Belastung bestimmen die Profilgrößen von Holmen, Wangen bzw. Spindeln.

3 Welche Vorteile haben Stoßbleche?

- beugen dem Durchbiegen der Trittstufen vor
- versteifen die Treppe
- erhöhen das Sicherheitsgefühl, da sie die Durchsicht verhindern
- schützen vor herabfallenden Gegenständen

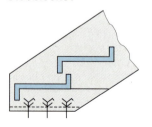

4 Welche Werkstoffe eignen sich besonders für Tritte?

- Riffel-, Tränen-, Warzen- oder Lochbleche
- Gitterroste
- Zuschnitte aus Holz, Natur- oder Kunststein

5 Welche Aufgabe haben Podeste?

Podeste unterbrechen und gliedern den Treppenlauf.

> Nach etwa 14 Stufen sollte ein Podest angeordnet werden.

6 Worauf ist bei Außen- und Industrietreppen besonders zu achten?

- Wasser muß ablaufen können
- Bauteile gegen Korrosion schützen
- sichere Begehbarkeit auch in extremen Situationen (Regen, Dampf, etc.)

7 Worauf ist beim „Anschluß" einer Treppe an das Bauwerk zu achten?

- Schallbrücken vermeiden
- Demontierbarkeit sichern (bei Industrietreppen)
- alle Metallteile erden

8 Wie vermeidet man Schallgeräusche in der Treppenkonstruktion?

- Hohlprofile ausschäumen
- größere Profilquerschnitte verwenden
- Montagestöße vorsehen
- Konstruktion aussteifen

9 Nennen Sie Vorteile von Stahltreppen gegenüber Ortbetontreppen.

- Vorfertigung und Komplettmontage möglich
- keine Schalungen notwendig
- Konstruktion kann als Bautreppe dienen
- enorme Verkürzung der Bauzeit, etc.

11.3 Berechnungen

1 **Was zeigt die Skizze?**

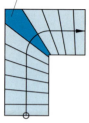
Drachenstufe

Treppe viertel rechts gewendelt

> An gewendelten Treppen sind die Tritte zu „verziehen", sonst werden sie innen zu schmal. Durch Verziehen läßt sich auch die Drachenstufe gut konstruieren.

2 **Welche Verfahren der „Stufenverziehungen" gibt es?**

a) Auslegemethode
b) geometrische Konstruktionen
c) Verwenden von Maßtabellen
d) Berechnung der Verziehung

3 **Wann ist die Verziehung gut gelungen?**

– Drachenstufe symmetrisch
– Auftritt an der Innenkante > 100 mm breit
– Beginn und Ende der Verziehung werden beim Besteigen nicht wahrgenommen

4 **Wie groß sind Steigungswinkel α und Lauflänge L?**
Auftritt a = 28 cm
Steigung s = 17 cm
Auftritte t = 14

$\tan \alpha$ = Gegenkathete/Ankathete
$\tan = s/a$ = 17 cm/28 cm
$\tan \alpha$ = 0,6071
α = **31°**
$L = a \times t$
L = 28 cm × 14
L = **392 cm**

5 **Wieviel Stufen n sind zu wählen?**
Geschoßhöhe h = 2,75 m
Steigung $s \approx$ 17 cm

$n = h / s$
n = 275 cm / 17 cm
n = **16,1 Stufen**
gewählt:
16 Stufen $\Rightarrow s$ = 275 cm / 16
s = **17,18 cm**

11 Stahltreppen

11.4 Treppengeländer

[1] Welche Aufgaben haben Treppengeländer?

– Schutz vor Absturz
– Hilfe beim Besteigen der Treppe
– Gestaltungsmittel für die Konstruktion

[2] Welche Vorschriften sind beim Geländerbau zu beachten?

– Geländer bei Treppen mit mehr als 5 Stufen
– Geländerhöhe min. 90 bzw. 110 cm (ab 12 m Höhe)
– Innenabstand der Stäbe: senkrecht ≤ 12 cm, waagerecht 2,5 cm
– lichte Weite zwischen Handlauf und Wand ≥ 4 cm
– lichte Weite zwischen Trittkante und Geländerfeld ≤ 6 cm

[3] Nennen Sie die Bauteile von Industriegeländern.

a) Handlauf
b) Knieleiste
c) Pfosten (im Abstand 120–150 cm)

[4] Nennen Sie grundsätzliche Gestaltungsmöglichkeiten für Geländer.

– Einzelstäbe waagerecht oder senkrecht (= lineare Lösungen)
– Geländerfelder mit Stabfüllung
– flächige Lösungen mit Glas, Tafeln, Platten oder Ornamenten

[5] Wie muß der Handlauf beschaffen sein?

– sicher und angenehm zu greifen
– keine vorstehenden Teile, z. B. Schrauben
– am Krümmling nach Möglichkeit durchlaufend

[6] Wie wird der Handlaufüberzug befestigt?

– Erwärmen im „Wärmesack"
– Aufziehen auf die Handlaufleiste
– Stoßstellen mit Heißluftgerät verschweißen
– Oberfläche polieren

11 Stahltreppen

7 Was zeigt die Skizze?

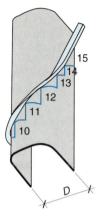

Blechschablone zum Biegen des Handlaufkrümmlings am Treppenauge. Der Krümmling muß an jeder Stelle senkrecht zur Schablone stehen und die aufgerissenen Stufen-Außenecken berühren.

8 Wie können Geländer an der Treppe befestigt werden?

a) Holmtreppen: an den Stufen
b) Wangentreppen: auf oder seitlich an der Wange
c) Stahlbetontreppe: seitlich mit spreizdruckfreien Dübeln
d) Hängekonstruktionen: unter der durchbohrten Stufe

9 Welche Geländer erhalten ein Stahlseil im Handlauf?

Geländer an Autobahnen und vielbefahrenen Straßen.

> Das locker eingelegte Stahlseil ist eine zusätzliche Absturzsicherung, falls ein Fahrzeug das Geländer durchbrechen sollte.

11 Stahltreppen

11.5 Balkongeländer

[1] Welche Vorschriften sind an Balkongeländern zu beachten?

– notwendig bei mehr als 1 m Absturzhöhe
– Geländerhöhe min. 90 bzw. 110 cm (ab 12 m Höhe)
– lichter Abstand der Stäbe: senkrecht ≤ 12 cm, waagerecht 2,5 cm
– lichte Weite zwischen Vorderkante Balkon und Geländer ≤ 6 cm
– Widerstand gegen waagerechte Belastung in Handlaufhöhe von 500 N/m

[2] Was ist bei Fertigung und Montage von Balkongeländern zu beachten?

– Regenwasser muß ungehindert ablaufen können
– für die Verzinkung darf die Konstruktion nicht sperrig sein
– Befestigung spreizdruckfrei in der Kragplatte
– Schweißstellen in die Nähe der Pfosten legen

[3] Nennen Sie Gestaltungsregeln für Balkongeländer.

– Architektur des Gebäudes bzw. der Umgebung aufgreifen
– „transparente" Lösungen den „flächenfüllenden" vorziehen
– keine Trennung von „Funktion" und „Dekoration"

[4] Was ist bei der Fertigung von Industriegeländern zu beachten?

Industriegeländer sind nach DIN 24 533 genormt.
Die Norm unterscheidet Bereiche:
– niveaugleiche ⇒ Form A
– mit Absturzgefahr ⇒ Form B
– Bereiche mit erhöhter Absturzgefahr ⇒ Form C

[5] Welche Sondervorschrift gilt an Tribünengeländern?

Versammlungsstätten-Verordnung schreibt vor, daß der seitliche Druck von 1000 N/m aufgenommen werden muß.

11 Stahltreppen

[6] Vergleichen Sie die beiden Geländer. Skizzieren Sie dazu Beispiele aus Ihrer Umgebung.

a) Schmiedearbeit, z. B. Barock oder Rokoko, Füllung frei gestaltet mit unterschiedlichen Öffnungen, auf der Kragplatte befestigt

b) mehrgeschossige Konstruktion, Balkongeländer und Kragplatte bilden eine Einheit, direkt auf die Fassade montiert.

a) alte Schmiedearbeit, dem Baustil angepaßt, Rechtsvorschriften möglicherweise nicht mehr erfüllt, Einzelanfertigung

b) Metallbaukonstruktion, Geländer, Balkonplatte und Tragkonstruktion im einheitlichen Stil, Serienfertigung, zum Feuerverzinken und zur Montage zerlegbar, leicht zu recyceln

[7] Was sind Geländerbausysteme?

Standardisierte Konstruktionen, deren einfache Bauteile sich zu unterschiedlich langen Geländern und Formen montieren lassen.

11.6 Gitter und Absperrungen

[1] Welche Aufgaben haben Gitter?

– Schutz vor Einbruch/Ausbruch
– Schutz gegen unbefugtes Betreten
– Sichtschutz
– Gestaltungselement in der Architektur

[2] Unterscheiden Sie Gitterformen nach dem Einbauort.

Gitter lassen sich einteilen in:
– Fenstergitter: Montage vor oder in der Laibung, auf dem Flügel oder auf dem Rahmen →

11 Stahltreppen

▷ *Fortsetzung der Antwort* ▷
- Türgitter: Teil- oder Ganzvergitterung, Lünettengitter
- Trenngitter: in Parks, vor Hausgärten, in Kirchen

3 Beschreiben Sie die Konstruktionen.

a) Gitter mit Rahmen und Füllstäben, Rahmen wird in der Laibung befestigt

b) Gitter aus einzelnen Füllstäben, die einzeln vor der Laibung befestigt sind

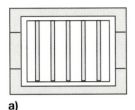

a)

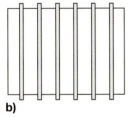

b)

4 Nennen Sie anhand der Stabform Gitterart und Epoche.

a) Einzelstab: Romanik
b) Speerstab: Gotik
c) Achterschleife: Renaissance
d) Korbbogen: Barock
e) ornamentloser, gestalteter Stab: Moderne

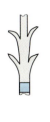    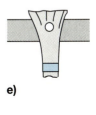

a)　　b)　　c)　　d)　　e)

11 Stahltreppen

5 **Beschreiben Sie in eigenen Worten Stilelemente und Komposition (= formaler Aufbau) der Gitter.**

12 Metallfenster und Glaskonstruktionen

12.1 Fensterbauarten

1 Welche Fensterbauarten sind üblich?

- Einfachfenster
  (nicht für Wohnräume)
- Verbundfenster
  (für Wohn- und Geschäftsräume)
- Kastenfenster
  (bei genügend Wandstärke)

2 Aus welchen Werkstoffen werden Fensterprofile gefertigt?

Stahl, Aluminium, Holz, Kunststoff, Edelstahl rostfrei

> Daneben gibt es Kombinationen wie Aluminium mit Holz, Kunststoff mit Stahl, Aluminium mit Vorsatzschalen aus Bronze.

3 Welche Argumente sprechen für Metallfenster?

Hohe Formstabilität, lange Lebensdauer, gute Dämmung gegen Wärme und Schall, wenig Wartung und Pflege, einfache Fertigung

4 Nennen Sie Hauptelemente eines Metallfensters?

Blendrahmen, Mitteldichtung, Flügelrahmen mit Verbundglasscheibe, Profilgummi und Glashalteleisten, Beschläge

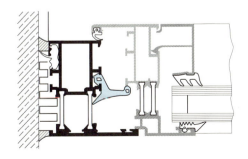

12 Metallfenster und Glaskonstruktionen

5 Wie werden Profile für Metallfenster hergestellt?

– Aluminiumprofile durch Strangpressen
– Stahlprofile durch Kaltziehen von Rohren

6 Wie erfolgt die „thermische" Trennung der Profile?

a) Kunststoffstege
b) Ausschäumen der Trennkammer

> Außenseite und Innenseite der Profile haben keine metallisch leitende Verbindung.

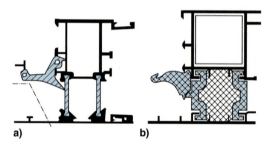

a)   b)

7 Welche Verglasungsart ist bei Metallfenstern üblich?

Trockenverglasung mit Dichtungsprofilen und Glashalteleisten

8 Wie erkennt man einen DIN-links-Flügel?

Die Bänder sind von innen betrachtet auf der linken Seite.

12 Metallfenster und Glaskonstruktionen

[9] Welche Öffnungsart der Flügel ist dargestellt?

a) Dreh- b) Dreh-kipp- c) Wende- d) Kipp- e) Klappflügel

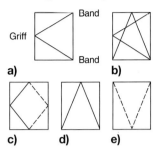

[10] Was ist beim Einbau von Metallfenstern zu beachten?

Lotrechte und waagerechte Lage des Fensters.
Abstand der Befestigungselemente, Flügel muß im geöffneten Zustand stehenbleiben.

[11] Was bedeutet die Angabe: „Rahmenmaterialgruppe 2.1"?

Das Rahmenprofil hat einen k_R-Wert von $\leq 2,8$ W/m² × K.
k_R-Wert = „Abfluß" Wärmeenergie nach außen, gemessen in Watt pro m² Rahmenfläche bei 1 K Temperaturunterschied

[12] Was bedeutet die Angabe: a-Wert $< 0,1$ m³/h × m?

Lüftungsverlust durch die Fuge zwischen Flügel und Blendrahmen $< 0,1$ m³ pro Stunde und laufenden Meter Fuge

[13] Was bedeutet die Angabe: $R_w = 20$ dB(A)?

Das Fenster dämpft den Außenlärm um 20 dB(A).
Unsachgemäßer Einbau und Abdichtung mindern Schallschutzeigenschaften des Fensters.

12.2 Aluminiumfenster

① Was ist ein Systemfenster?

Al-Fenster, gefertigt aus dem geschützten Profil eines Herstellers. Alle Bauteile sind aufeinander abgestimmt und lassen sich ohne Nacharbeit fügen.

② Benennen Sie die einzelnen Bauteile des Aluminiumfensters.

1 Blendrahmen, 2 Flügelrahmen, 3 Mitteldichtung, 4 Einputzzarge, 5 Glasleiste, 6 Wetterschenkel, 7 Basisprofil, 8 Fensterbank, 9 Scheibe, 10 Trag-/Distanzklotz, 11 Abdichtung Scheibe, 12 Thermische Trennung Blendrahmen, 13 Thermische Trennung Flügelrahmen, 14 Isolierung zum Bauwerk

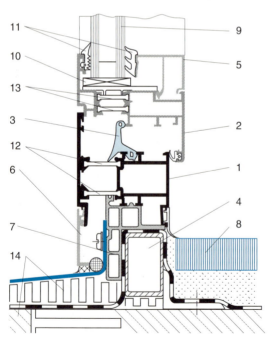

12 Metallfenster und Glaskonstruktionen

3 Welche Aufgaben hat die Mitteldichtung?

– trennt das Fenster in einen Innenbereich (= „Warm- oder Trockenzone") und Außenbereich (= „Kalt- oder Naßzone")
– Anschlag für den Flügel

4 Welche Aufgabe hat die Einputzzarge?

Ist Vormontagefläche für den Blendrahmen und erlaubt, die Mauerlaibung vor dem Einbau zu verputzen.

5 Welche Aufgabe hat eine Scheibenverklotzung?

Klotzung soll das Scheibengewicht im Rahmen so verteilen, daß der Rahmen die Scheibe trägt, ohne sich zu verziehen.
– Unterscheidung in Distanz- und Tragklotze.
– Anordnung: siehe Verglasungsrichtlinien!

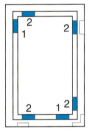

1 Tragklötzchen
2 Distanzklötzchen

6 Welche Oberflächenbehandlung erhalten Al-Fenster?

– Beschichten der Profile mit Kunststoff-Lacken (alle Farben möglich), naß oder trocken
– Eloxieren (= elektrisch oxidieren), nur noch vereinzelt üblich

> Behandelt wird immer das Profil, nicht das fertige Fenster ⇒ äußerste Sorgfalt bei der Verarbeitung der Profile.

7 Welche Eckverbindungen sind bei Al-Fenstern üblich?

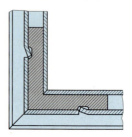

– Verkleben der Ecke und Stützung durch eine Preß-Stanz-Verbindung (Presta-Verbindung) mit eingelegtem Eckwinkel
– Verkleben und Verschrauben mit eingelegtem Eckwinkel

8 Wovon hängt die Qualität einer Eckverbindung ab?

Von der Genauigkeit und Oberflächenqualität der Gehrungsschnitte
⇒ Rahmenprofil auf Doppelgehrungssägen zuschneiden, auf genaue Anlage der Profile achten.

9 Wo werden sog. Stoßverbindungen gebraucht?

Stoßverbindungen schließen waagerechte Riegel an senkrechte Pfosten an.

10 Benennen Sie die einzelnen Bauteile einer Fensterwand.

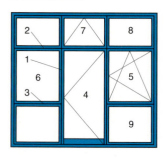

1 Pfosten, 2 Kämpfer, 3 Riegel, 4 Drehflügeltür, 5 Drehkippfensterflügel, 6 Fensterflügel feststehend, 7 Kippflügel, 8 feststehendes Oberlicht, 9 Fensterbrüstung (geschlossenes Paneel)

12.3 Stahlfenster

[1] Nennen Sie Vorteile von Stahlfenstern.
- hohe Formstabilität
- geringe Materialkosten
- sehr geringe Profilbreite möglich

[2] Aus welchen Profilen werden Stahlfenster gefertigt?
- gewalzte oder gezogene L- und T-Profile für Rahmen und Flügel, Sprossenprofile für Teilungen
- kaltgezogene Profilstahlrohre eines Systemlieferanten

[3] Wie erfolgt der Eckverbund bei Stahlfenstern?
- MAG-Schweißen
- Abbrennstumpf-Schweißen

[4] Benennen Sie die Bauteile des Stahlfensters.

a) Flügelrahmen
b) thermische Trennung (durch Kunststoffstege)
c) Blendrahmen
d) Glasscheibe (hier Panzerglasscheibe)

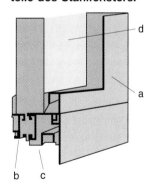

[5] Welcher Oberflächenschutz ist an Stahlfenstern üblich?
- Verzinken (bei Industriefenstern)
- Beschichten mit Kunststoff-Lacken
- Beschichten mit Duplexsystem (Verzinken + Lackieren) →

12 Metallfenster und Glaskonstruktionen

▷ *Fortsetzung der Antwort* ▷

> Stahlfenster werden grundsätzlich <u>nach</u> dem Fertigen oberflächenbehandelt.

12.4 Fassaden

1 Unterscheiden Sie Fassaden nach dem Konstruktionsprinzip.

– Kaltfassaden: hinterlüftet, hängen vor der Raumschale, Außenseite „kalt", Innenseite „kalt"
– Warmfassaden: bilden die Raumschale, nicht hinterlüftet, Außenseite „kalt", Innenseite „warm"

2 Welche Bauarten von Fassaden gibt es?

– Pfostenfassade: Füllungen hängen an senkrechten Pfosten
– Sprossenfassade: Füllungen hängen in einem Sprossenraster
– Elementfassade: geschoßhohe Paneelelemente hängen an waagerechten Riegeln
– Ganzglasfassade (Structural glazing): keine mechanischen Bauteile sichtbar

3 Welche bauphysikalischen Anforderungen wirken auf Fassaden ein?

Von außen: Sonne, Regen, Wind, Temperaturschwankungen, Schalldruck, Windsog; von innen: Temperaturschwankungen, Tauwasserbildung, Wärmestrahlung

4 Welche Anforderungen werden an die Unterkonstruktion einer Fassade gestellt?

– muß Gewicht der Fassadenelemente aufnehmen
– darf keine Gebäudelasten in die Raumhülle einleiten
– muß Längenänderungen der Fassadenelemente aufnehmen

12 Metallfenster und Glaskonstruktionen

[5] Beschreiben Sie die Einzelheiten des Metallpaneels.

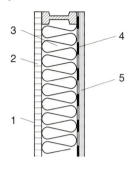

1 Reflexionsschicht
2 Regen- und Winddichtung
3 Wärmedämmung
4 Luftdichtung und Dampfsperre
5 Oberflächenschicht

[6] Beschreiben Sie Bauteile des Fassadenschnitts.

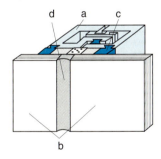

Ganzglasfassade
a) senkrechter Pfosten = Tragkonstruktion
b) Scheibe
c) tragende Verklebung
d) Fugendichtung

12.5 Glasanbauten

1 Warum wird bei Schaufenstern ESG statt VSG-Glas verwendet?

VSG-Glas (= Verbundsicherheitsglas) würde durch die doppelte Brechung zu starken Verzerrungen der präsentierten Waren führen.

2 Welche Glasanbauten an Gebäuden kennen Sie?

- Wintergärten
- verglaste Passagen und Galerien
- verglaste Balkone und Hauseingänge
- Schaufensteranlagen

3 Welche Aufgaben haben Wintergärten?

- Erweiterung des Wohnraums
- Schutz von Freisitzen vor Witterungseinflüssen
- Puffer gegenüber dem Außenklima
- Aufwerten der Architektur

4 Wie läßt sich eine starke Aufheizung von Wintergärten im Sommer vermeiden?

- verstellbare Sonnenschutzeinrichtungen (möglichst außen)
- Beschattung durch Bepflanzung
- Sonnenschutzverglasung
- Zwangsbelüftung

5 Wie kann eine Belüftung eines Wintergartens erfolgen?

- thermisch durch die Druckdifferenz zwischen Boden- und Firstbereich (selbsttätige Belüftung)
- mechanisch durch Belüftungsanlagen

6 Welche Bereiche eines Wintergartens unterliegen besonderen Anforderungen?

- Firstbereich bzw. Wandanschluß: dicht
- Eckverbindungen: Wind- und Eigenlasten
- Verglasung: bruchsicher
- Bodenbereich: Isolieren gegen Erdfeuchte
- Gesamtkonstruktion: winddicht

12.6 Vitrinen

1 Unterscheiden Sie Vitrinen nach ihrer Konstruktion.

– verklebte Systemprofile mit Trockenverglasung
– verschweißte Stahlprofile mit Naßverglasung
– Ganzglasvitrinen, geklebt

2 In welchen Bauarten stellt man Vitrinen her?

Hänge-, Tisch- und freistehende Großvitrinen, jeweils mit Schiebescheiben, Klapp- oder Drehflügel.

> Sehr flache Wandvitrinen bezeichnet man als Schaukästen.

3 Was ist bei der Verglasung zu beachten?

– möglichst ESG (Einscheiben-Sicherheitsglas) verwenden
– Scheiben sollten chemisch entspiegelt sein
– Innen- oder Außenbeleuchtung darf nicht blenden

4 Was ist bei Vitrinen im Freien zu beachten?

Schwitzwasserbildung und Beschlagen der Scheiben muß verhindert werden durch:
– Zwangsbelüftung mit Schlitzen oben und unten
– Ventilator bzw. mechanische Belüftung

13 Stahlbau

13.1 Bauelemente

1 Nennen Sie Konstruktionselemente von Stahlbauten?

a) **Träger** = waagerechte Bauteile; Beanspruchung: Biegung
b) **Stützen** = senkrechte Bauteile; Beanspruchung: Druck, Knickung
c) **Aussteifungselemente** z. B. Windverbände; Beanspruchung: Zug, Druck
d) **raumabschließende Bauteile** z. B. Fassaden, Dächer

2 Wie werden Stahlbauteile beansprucht?

Einwirkungen erzeugen Lasten, Lasten bewirken Kräfte und Spannungen, Spannungen bewirken Verformungen.

> Statischer Nachweis von Stahlbaukonstruktionen: sind die Kräfte, Spannungen und Verformungen noch zulässig?

3 Welche Lasten wirken auf Stahlkonstruktionen?

a) Einzellasten
b) Flächenlasten
c) gemischte Belastung

a)

b)

c)

> Die Lasten rühren her aus
> a) Gewicht der Bauteile = Eigenlasten
> b) der Benutzung = Verkehrslasten
> c) Einflüssen von außen = Windlasten

13 Stahlbau

[4] Was bedeuten „Lastfall H" und „Lastfall HZ"?

Lastfall H: nur die **Hauptlasten** werden berücksichtigt, z. B. ständige Lasten aus dem Eigengewicht, Verkehrslast

Lastfall HZ: zusätzlich werden berücksichtigt: Windlasten, Bremskräfte, Wärmewirkungen u. ä.

[5] Welche Kräfte wirken in Stahlbauteilen?

a) Querkräfte
b) Längskräfte
c) Auflagerkräfte

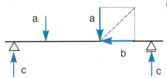

[6] Welches Konstruktionsprinzip strebt man im Stahlbau an?

Die Konstruktion soll sich in unverschiebbare Dreiecke gliedern, in denen nur Zug- und Druckkräfte auftreten.

[7] Bezeichnen Sie die Trägerformen.

a) Walzträger
b) Fachwerkträger
c) Verstärkter Träger
d) Wabenträger
e) Kastenträger
f) Leichtbauträger

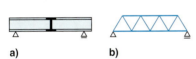

a) b)

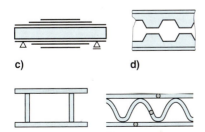

c) d)

e) f)

8 Benennen Sie die Einzelheiten am Träger.

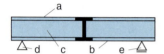

a) Obergurt: Druckbeanspruchung
b) Untergurt: Zugbeanspruchung
c) Steg: theoretisch nicht beansprucht
d) Festlager
e) Loslager

9 Wie unterscheiden sich die Träger a) und b)?

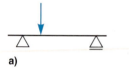

a) Träger auf zwei Stützen mit Fest- und Loslager
b) Kragträger, einseitig eingespannt

10 Bezeichnen Sie die Fachwerkträger.

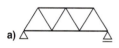

a) Trapezträger
b) Parallelträger
c) Dreieckträger

11 Erklären Sie
a) Trägerstoß,
b) Trägeranschluß.

a) Trägerstoß = Verbindung von zwei Trägern; Längsachse ist gemeinsam (= Trägerverlängerung)
b) Trägeranschluß = Befestigung von Stahlteilen quer zur Trägerachse (= Trägerkreuzung)

12 Wie können Trägerstöße ausgeführt werden?

– einfach und lösbar (nur für Längs- und Querkräfte)
– biegesteif (auch für Biegemomente)
– unlösbar, z. B. geschweißt

13 Stahlbau

13 Was zeigen die Skizzen a) und b)?

a) typisierter (= genormter) Trägerstoß mit Stirnplatten, geschraubt
b) Trägerstoß, geschraubt mit Laschen, biegesteif

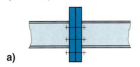

14 Welche Aufgabe haben Trägerauflager?

Sie leiten Kräfte vom Träger in Mauerwerk, Unterzüge oder Stützen ein.

> Festlager nehmen Längs- und Querkräfte auf.
> Loslager nehmen nur Querkräfte auf.

15 Benennen Sie die Bauteile.

a) Träger
b) Zentrierleiste
c) Knaggen
d) Auflagerplatte

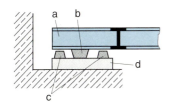

16 Was zeigen die Skizzen?

a) nicht bündiger Trägeranschluß
b) bündiger Trägeranschluß

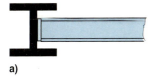
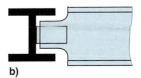

17 Was sind typisierte Querkraftanschlüsse?

Anschlüsse, bei denen die Verbindungsteile genormt sind, z. B. Art und Größe von Schrauben, Anschlußwinkeln, Steglaschen

18 Welche Stützen unterscheidet man nach der Funktion?

– Druckstützen, ausgeführt als Pendelstützen oder eingespannte Stützen
– Hängestützen (immer Pendelstützen)

> Pendelstützen übertragen Kräfte, aber keine Momente auf das Fundament.

19 Welche Stützen unterscheidet man nach der Gestaltung?

a) einteilige Stützen aus Walz- oder Rohrprofilen
b) mehrteilige Stützen:
– vollwandig – offen aus Profilen
– vollwandig – geschlossen (= Kastenstütze)
– offen als Fachwerkstütze

20 Bezeichnen Sie Bauweise und Bauteile.

Zweiteilige Pendelstütze aus Profilen,
a) Kopf
b) Schaft
c) Stoß
d) Fuß

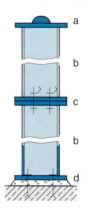

13 Stahlbau

21 Welche Aufgabe haben Rippen am Stützenfuß?

Rippen verhindern das Aufbiegen der Fußplatte und verringern die Flächenpressung.

22 Welche Faustregel gilt für die Stützengestaltung?

Je größer die Belastung und je schlanker die Stütze gebaut ist, desto eher knickt sie aus.

> Knicken = seitliches Ausweichen infolge der Druckbeanspruchung

23 Bezeichnen Sie die Art des Verbands der Gitterstützen.

a) Kreuzverband
b) Wechselverband
c) K-Verband

> Füll- und Querstäbe sind meist L-Profile.

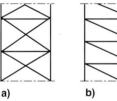

a)   b)

c)

13.2 Stahlhallen

1 Welche statischen Systeme sind bei Hallen üblich?

a) Fachwerkbinder auf Stützen
b) Rahmenriegel auf Stielen
c) Raumfachwerke auf Stützen

2 Was sind „Normhallen"?

Hallen, deren Abmessungen genormt sind und die sich aus wenigen Bauteilen montieren lassen. Für Breiten, Höhen und Binderabstände gelten Rastermaße. Erweiterungen erfolgen durch weitere Stützenpaare und Binder oder durch seitliche Anschlußhallen.

3 Benennen Sie die Dachformen.

a) Satteldach

b) Sheddach

c) Pultdach

a)

b)

c)

4 Was ist ein „Knotenpunkt"?

Knotenpunkt = Verbindungsstelle der einzelnen Stäbe eines Fachwerks

5 Was zeigt die Skizze?

Systemlinienplan = Form eines Dreieckbinders
Maße = Abstände der Knotenpunkte

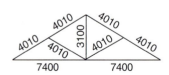

> Die Systemlinien sollten mit den Profil-Schwerlinien zusammenfallen.

6 Benennen Sie die Einzelteile und ihre Aufgaben.

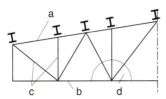

a) Obergurt: trägt die Dachhaut, druckbeansprucht
b) Untergurt: bildet Unterseite, zugbeansprucht
c) Füllstäbe: steifen Konstruktion aus, zug- oder druckbeansprucht
d) Knotenblech: stellt Verbindung von Gurt und Füllstab her

7 Benennen und bewerten Sie diese Konstruktion.

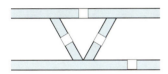

Dachbinder aus Rechteckhohlprofilen.
Anschlüsse stumpf geschweißt, keine Knotenbleche notwendig, hohe Materialkosten.

13.3 Stahlskelettbauten

1 Welche Vorteile haben Stahlskelettbauten?

– Vorfertigung und Typisierung möglich
– kurze Montagezeit
– große Spannweiten möglich
– demontierbar und recyclefähig

2 Beschreiben Sie
a) konventionelle Bauweise
b) Stahlskelettbau

a) Betondecken auf tragenden Mauern oder Stützen
b) Stahl- oder Elementdecken auf Trägern und Unterzügen zwischen oder auf Stahlstützen

> Stahlskelettbauten erfordern immer Fassaden, die keine Gebäudelasten aufnehmen dürfen.

13 Stahlbau

③ Beschreiben Sie die statischen Systeme.

a) Stützen im Gebäude
b) Stützen außerhalb des Gebäudes (Hängehaus)

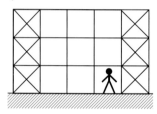

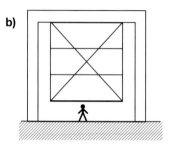

13.4 Stahlbrücken

① Nennen Sie wesentliche Bauteile an Stahlbrücken.

a) Brückenbalken = Tragkonstruktion
b) Pfeiler = Auflager für die Tragkonstruktion
c) Lager = Aufnahme der Lasten und Ausgleich von Dehnungen

② Nennen Sie je drei feste und bewegliche Brücken.

a) **feste Brücken:** Durchlaufträger, Bogenbrücke, Hängebrücke
b) **bewegliche Brücken:** Klapp-, Hub-, Drehbrücke

③ Bezeichnen Sie die Bauelemente.

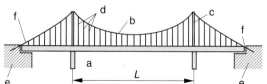

a) Fahrbahnplatte
b) Tragseil
c) Pylon
d) Hänger
e) Widerlager
f) Dehnungsfuge
L = Stützweite

13 Stahlbau

4 Welchen Zweck haben Fahrbahnübergänge?

– erlauben Längsdehnungen am Loslager
– schließen die Fuge zwischen Widerlager und Fahrbahnplatte

5 Welche Bauformen für Eisenbahnbrücken sind skizziert?

a) Trogbrücke Fahrweg **in** der tragenden Konstruktion
b) Kastenträger Fahrweg **auf** der tragenden Konstruktion

13.5 Stahlschiffbau

1 Woraus besteht das Trägersystem eines Schiffes?

a) Längsverbände: Längsspanten, Unterzüge, Stringer
b) Querverbände: Bodenwrangen, Querspanten, Querschotte
c) örtliche Verstärkungen: Deckstützen, Teilunterzüge, Kniebleche

2 Welchen Beanspruchungen ist ein Schiffskörper ausgesetzt?

Statischen und dynamischen Beanspruchungen, z. B. Zug, Druck, Schub, Biegung, Torsion
aus Eigengewicht, Wasser- und Eisdruck u. a.

13 Stahlbau

3 Welche Aufgabe haben Spanten?

Sie nehmen mit den anderen Verbänden die Beanspruchungen des Schiffskörpers durch Wasser, Ladungs- und Eisdruck auf.

4 Was sind Steven?

Steven sind der vordere und hintere wasserdichte Abschluß eines Schiffes.

5 Welche Aufgaben haben Schotte?

Schotte unterteilen den Schiffskörper in eine Anzahl wasserdichter Räume, so daß bei einem Leck die Schwimmfähigkeit erhalten bleibt.

6 Was zeigt die Skizze?

typische Form einer Bodenwrange (= Querverband)

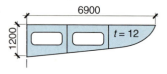

7 Nennen Sie Bauteile der Schiffsausrüstung.

– Masten, z. B. Radarmasten
– Umschlageinrichtungen, z. B. Krane
– Laderaumausrüstungen, z. B. Schütten
– Lüftungsbauteile, z. B. Kanäle
– Treppen, Leitern
– Fenster, Türen
– Verholausrüstungen
– Ankerausrüstungen
– Ruderanlage

8 In welchen Produktionsphasen werden Stahlschiffe meist gebaut?

a) Teilebau: Einzelfertigung
b) Vormontage: Sektionsfertigung
c) Hellingmontage: Montage des Schiffskörpers
d) Ausrüstung: Endmontage

14 Metallgestaltung

14.1 Gestaltungsgrundlagen

1 Was kennzeichnet eine „gute Form"?

- die Gestaltung orientiert sich an der Funktion
- keine unnötigen „Verzierungen" und „Bearbeitungen" u. a.

> „Nichts kann weggelassen werden, jedes Element hat eine Aufgabe."

2 Welcher Mittel bedient sich die moderne Metallgestaltung?

- Verzicht auf Stilmuster + Ornamente
- unbearbeitete Form- und Stabstähle
- Sichtbar machen von Funktionen
- Verbindungen durch sichtbare Schweiß-/Schraubverbindungen u. a.

3 Bewerten Sie die Flächen nach ihrer Wirkung.

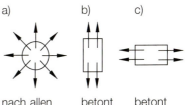

a) nach allen Seiten offen
b) betont Senkrechte
c) betont Waagerechte

4 Welche Stilelemente benutzt die zeitgemäße Gittergestaltung?

- Linien zur Gliederung der Fläche
- Rahmen zum Abschluß nach außen
- einfache Ornamente zur Belebung von Flächen
- materialgerechte Verbindungen u. a.

14 Metallgestaltung

5 Wie läßt sich die Mitte einer Fläche betonen?

– Ring einsetzen
– Ornament aufsetzen
– Stäbe zur Mitte zentrieren, u. a.

6 Nennen Sie aus der Natur abgeleitete Gestaltungsformen, ihre Wirkung und Anwendung.

a) Sonne: Lebenssymbol → Grabkreuz
b) Blumen: Schönheit → Gitterverzierungen auf Stabkreuzungen
c) Schilf: undurchdringlich → Geländerstäbe, enggestellt, oder Zäune
d) Baumstamm: unbeugsam → Grabstele

14.2 Gestaltungsmittel

1 Benennen Sie die Stabbearbeitung und beschreiben Sie ihre Wirkung.

a) Stauchen: Verdickung, Betonung eines Bereichs, der Mitte
b) Kehlen: Verringern des Querschnitts, Schwere wird genommen
c) Abspalten: wirkt abwehrend, kann die Zwischenräume füllen
d) Verdrehen: unterbricht die Senkrechte, belebt den Stab

a)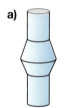
b)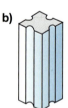
c)
d)

14 Metallgestaltung

[2] Beschreiben Sie die Stab-Rahmenverbindungen.

a)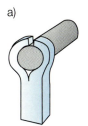

b)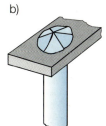

Umgriff:
durch Spalten, Strecken, Bunden

genietet:
durch Lochen des Gurts, Absetzen des Stabes und Kopf anstauchen

[3] Wie lassen sich Oberflächen von Metallarbeiten gestalten?

– hämmern
– profilieren
– gravieren
– tauschieren

– beschichten
– ätzen
– anlassen
– schwarzbrennen

[4] Beschreiben Sie das Ätzen.

a) Oberfläche mit Decklack überziehen
b) Muster herauskratzen
c) Säure auftragen, die Einwirkungszeit bestimmt die Tiefe der Ätzung
d) Farbe ablaugen, Oberfläche neutralisieren

[5] Beschreiben Sie das Tauschieren.

a) Schwalbenschwanznut in Grundwerkstoff einarbeiten
b) Fülldraht, z. B. Zinn einhämmern
c) Oberfläche abschleifen

a)

b)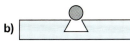

c)

14 Metallgestaltung

[6] Wie lassen sich gestaltete Arbeiten vor Korrosion schützen?

- beschichten mit Anstrichen: vielfältige Farbgebung möglich
- Metallüberzüge: feuerverzinken, u. a.
- brünieren = färben von Oberflächen durch schwache Säuren oder Laugen

[7] Beschreiben Sie in eigenen Worten, welche gestalterischen Mittel bei der Herstellung und Dekoration des Schlosses verwendet wurden.

© Holland +.Josenhans

14.3 Stilgeschichte

1 Nennen Sie europäische Stilepochen in ihrer historischen Abfolge.

Romanik: ca. 1000–1150
Gotik: ca. 1200–1500
Renaissance: ca. 1500–1650
Barock: ca. 1650–1780
Rokoko: ca. 1730–1800
Klassizismus: ca. 1800–1880
Historismus: ca. 1850–1900
Jugendstil: ca. 1890–1930

2 An welchen Elementen lassen sich Baustile erkennen?

Kennzeichen eines Baustils ist seine Ornamentik, die immer wiederkehrende Form einzelner Bauelemente, z. B. Spitzbogen und Vierpaß an gotischen Bauwerken.

3 Welche Stilmerkmale kennzeichnen
a) romanische Bauwerke,
b) romanische Schmiedearbeiten?

Romanik = Stil der „Römer"

a) Rundbogenfenster, S- und C-förmige Gitterteile

b) gebogene Stäbe aus □-Eisen, einfache Beschläge aus Flacheisen, einfache Pflanzenmotive

> Typische Bauwerke: u. a. Naumburger Dom, Abtei Maria Laach, Kloster St. Gallen, Kaiserpfalz Goslar

4 Welche Stilmerkmale kennzeichnen
a) gotische Bauwerke,
b) gotische Schmiedearbeiten?

Gotik = Stil der Goten (= Deutschen)

a) Spitzbogenfenster, Fialen, Kreuzblumen, Zinnen, Netzgewölbe

b) Gitter mit Diagonalstäben, Beschläge als Lebensbäume verästelt, schildförmige Schloßplatten, Gitter mit Vierpaßmuster

→

14 Metallgestaltung

▷ *Fortsetzung der Antwort* ▷

> Typische Bauwerke: u. a.
> Dome von Köln, Halberstadt, Freiburg, Straßburg, Notre Dame (Paris), Rathäuser von Münster, Wernigerode

5 Welche Stilmerkmale kennzeichnen
a) Renaissance-Bauwerke,
b) Renaissance-Schmiedearbeiten?

Renaissance = Wiedergeburt (der Antike)

a) rechteckige Fenster mit aufgesetzten Scheingiebeln und Korbgitter, Arkadenhöfe

b) Einführung des Rundstabs, Flechtwerk, Achterschlaufen, Spiralverzierungen, Grotesken, Spindelblumen, herzförmige Kastenschlösser

> Typische Bauwerke: u. a.
> Rathäuser von Leipzig, Bremen, Altenburg, Augsburg, Paderborn; Schloß Augustusburg, Michaelskirche München

6 Welche Stilmerkmale kennzeichnen
a) Barock-Bauwerke,
b) barocke Schmiedearbeiten?

barock von „baroque" (= schiefrund)

a) Rundbogen und Ovalfenster, reich stuckiert, Kuppeln auf Lichthöfen

b) reiches Flechtwerk, Gitter asymmetrisch, Zopf- und Bandelwerk, vergoldete Spitzen, Grotesken

> Typische Bauwerke:
> Dresden: Zwinger, Frauenkirche; Sanssouci,
> Klosterkirchen: Banz, Weingarten; Würzburger Residenz, Eremitage

14 Metallgestaltung

7 **Welche Stilmerkmale kennzeichnen**
a) Rokoko-Bauwerke,
b) Rokoko-Schmiedearbeiten?

rokoko von „rocaille" (= Muschel)

a) längliche Rundbogenfenster, asymmetrische, muschelförmige Stuckarbeiten

b) reich verzierte schwarzlackierte Gitter mit vergoldeten Blättern, Muscheln und Akanthusblättern, Vierkantstäbe, scharfkantige Ecken, Bögen in Rocailleform

> Typische Bauwerke: u. a.
> Wieskirche Steingaden, Palais Stanislas Nancy, Asamkirche München

8 **Welche Stilmerkmale kennzeichnen**
a) klassizistische Bauwerke,
b) Metallarbeiten des Klassizismus?

Klassizismus von „klassisch, wie im antiken Griechenland und Rom"

a) strenge geometrische Formen, Säulenportale (Kopien antiker Bauwerke)

b) Gitter aus Façoneisen, vorgefertigte Bauelemente, sehr sparsame Dekoration, Gußeisen-Bauelemente

> Typische Bauwerke: u. a.
> Schinkelsche Wache Berlin, Marktplatz Karlsruhe, Königsplatz München, St. Petersburg: Admiralität, Puschkintheater

9 **Welche Stilmerkmale kennzeichnen**
a) Bauwerke des Historismus,
b) Metallarbeiten des Historismus?

a) Rückgriff auf Stilelemente vergangener Epochen und deren Kopie, z. B. als Neobarock, Neo-Gotik, Neo-Romanik, Neo-Renaissance (Neo = Neu)

b) stilgetreue Kopien der Ornamentik vergangener Epochen in Gußeisen →

14 Metallgestaltung

▷ *Fortsetzung* ▷

Historismus nach „Besinnung auf die eigene Geschichte" (= Historie)

> Typische Bauwerke: u. a.
> Berlin: Rotes Rathaus, Reichstagsgebäude, München: Neues Rathaus, Semperoper Dresden

10 Welche Stilmerkmale kennzeichnen
a) **Bauwerke des Jugendstil,**
b) **Metallarbeiten des Jugendstil?**

Jugendstil nach der Zeitschrift „Jugend" (in Frankreich: Art Nouveau = „Neuer Stil")

a) geschwungene und asymmetrische Fensterformen mit sparsamem Stuck in Pflanzenmotiven

b) Geländer asymmetrisch mit Pflanzenwerkfüllung, z. T. vergoldet oder farbig bemalt, Bauelemente aus Eisen- und Bronzeguß

> Typische Bauwerke: u. a.
> Wien: Bahnhof Karlsplatz, Kammerspiele München, Metroeingänge in Paris, Bauwerke von Gaudí in Barcelona

11 Was kennzeichnet Bauten der Postmoderne = ausgehendes 20. Jahrhundert?

Postmoderne = die Zeit „nach der modernen Kunst"

– es existiert keine allgemeinverbindliche Ornamentik mehr
– Tragwerk aus Stahl und/oder Beton
– verglaste Fassaden
– Gebäude meist funktional, u. a.

> Typische Bauwerke:
> Sears-Tower Chicago, Docklands London, Olympiadach München, Kirche von Ronchamp

14 Metallgestaltung

12 Die folgenden Bilder zeigen Werke der Metallgestaltung aus unterschiedlichen Epochen.
Beschreiben Sie die Arbeiten in eigenen Worten, suchen Sie nach zeittypischen Stilmerkmalen und versuchen Sie selbst, die Arbeiten in eine Epoche einzuordnen.

15 Anlagen- und Fördertechnik

15.1 Fördermittel

[1] Nennen Sie Fördermittel bzw. Förderanlagen.

- Aufzüge
- Fahrtreppen (= Rolltreppen)
- Fahrsteige (= Rollbänder)
- Stetigförderer, z. B. Förderbänder
- Unstetigförderer, z. B. Krane, Stapler

[2] Was ist bei der Planung von Förderanlagen zu berücksichtigen?

- Verwendungszweck
- Einsatzort
- Förderleistung und -menge
- Tragfähigkeit
- Umlaufzeit
- Energieart und -verbrauch

[3] Nennen Sie jeweils geeignete Fördermittel:
a) Personen, waagerecht
b) Stückgüter, senkrecht
c) Schüttgut, waagerecht
d) Schüttgut, senkrecht
e) Container

a) Fahrsteige (= Rollbänder)
b) Krane, Stapler
c) Förderbänder, Förderschnecken, Flaschenzüge
d) Becherwerke, Saugförderer
e) Stapler, Flurförderer, Krane

[4] Nennen Sie Bauelemente von Fahrtreppen.

- Tragkonstruktion
- Antrieb mit Sicherheitseinrichtungen
- Stufenband
- Handlauf
- Verkleidung, innen und außen

[5] Was sind Hebezeuge?

Hebezeuge sind Arbeitsmittel zur waagerechten und senkrechten Förderung von Lasten.

15 Anlagen- und Fördertechnik

[6] Welche Hebezeuge sind im Metall- und Stahlbau üblich?

a) Kleinhebezeuge, z. B. Winden
b) Krane
c) Flaschenzüge
d) Hubzuggeräte

[7] Nach welchem Prinzip arbeiten die meisten Hebezeuge?

Goldene Regel der Mechanik:

große Last × kleiner Lastweg = kleine Kraft × großer Kraftweg

15.2 Bauelemente

[1] Nennen Sie
a) Tragmittel
b) Lastaufnahmemittel
c) Anschlagmittel
an Hebezeugen.

a) z. B.: Lasthaken, Unterflaschen, Schäkel, Traversen
b) z. B.: Greifer, Klauen, Klemmen, Körbe, Zangen, Magnethalter
c) z. B.: Hebeseile, -ketten, -gurte, -bänder

[2] Benennen Sie Bauteile und Zweck des Pratzengehänges?

a) Aufhängeöse
b) Traverse
c) Bügel
d) Last, z. B. Profile

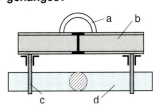

[3] Wie sind Blechgreifer an Hebezeugen gestaltet?

Der Greifer schließt sich selbsttätig, wenn die Last hochgehoben wird.

15 Anlagen- und Fördertechnik

4 Welche besonderen Anforderungen gelten für Seile, Ketten und Bänder?

Sie müssen genormt sein, regelmäßig überprüft werden und bei Beschädigungen oder Längung um mehr als 5 % aussortiert werden.

> Drahtseile für Aufzüge bis 300 kg Last müssen mind. 3 Tragseile von je 6,5 mm Durchmesser besitzen.

5 Nennen Sie Bauelemente an Aufzugantrieben und ihre Aufgaben.

a) Wellen: übertragen Drehmoment
b) Wälz- und Gleitlager: „lagern" Wellen und Achsen
c) Getriebe: verändern Drehzahl und Drehmoment
d) Kupplungen: trennen Motor und Getriebe

6 Benennen Sie das Schema der Aufzugmaschine.

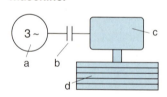

a) Motor: Drehstrom-Asynchron-Motor
b) Kupplung: Bolzenkupplung mit Dämpfung
c) Getriebe: Planetengetriebe
d) Treibscheibe: mehrrillig

7 Welche Kupplungen sind an Förderanlagen üblich?

Starre, schaltbare und hydraulische Kupplungen

8 Welche Aufgaben haben Treibscheiben an Aufzügen?

Treibscheiben verbinden Aufzugmaschine und Aufzugkorb und lagern das Tragseil. Sie haben je nach Größe und Last 2–16 Treibrillen.

15 Anlagen- und Fördertechnik

9 Vergleichen Sie die Treibrillenquerschnitte.

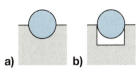

a) Halbrundrille: Kraftübertragung nur bei doppelter Umschlingung möglich
b) Sitzrille: übliche Ausführung
c) Keilrille: beste Treibfähigkeit, jedoch Seilpressung und hoher Verschleiß

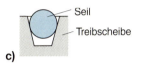

10 Welchen Zweck hat ein Fahrkorb?

Aufnahme von Personen und/oder Gütern.
Körbe bestehen aus Tragrahmen mit Aufnahme-, Führungs- und Fangvorrichtung sowie der Aufzugkabine.

11 Welche Schachttüren sind bei Aufzügen üblich?

– Drehtüren, ein- und zweiflügelig
– Schiebetüren, meist zweiteilig
– Teleskoptüren, wenn Platz knapp ist
– vertikale Schiebetüren, für große Lastenaufzüge

12 Beschreiben Sie Bauart und Bauteile.

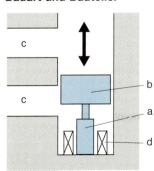

Hydraulischer Aufzug mit Zentralkolben
a) Kolben
b) Fahrkorb
c) Schachtzugänge
d) Puffer

15.3 Aufzüge

1 Wie lassen sich Aufzüge einteilen?

a) nach der Nutzung:
z. B. Personen-, Lasten-, Kleingüter-, Sonderaufzüge, z. B. Bettenaufzüge
b) nach der Antriebsart:
Treibscheiben-, hydraulische, Linearaufzüge

2 Nennen Sie wichtige Bauteile einer Aufzuganlage.

– Triebwerksraum
– Antriebsmotor mit Steuerung
– Fangvorrichtung
– Aufzugschacht mit Schachttüren
– Fahrkorb mit Tür
– Tragmittel
– Sicherheitseinrichtungen

3 Skizzieren Sie eine
a) 1:1-Aufhängung,
b) 2:1-Aufhängung einer Aufzugkabine.

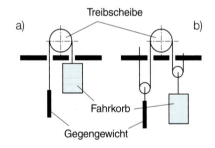

4 Benennen Sie die einzelnen Phasen des Fahrprofils.

a) Beschleunigung
b) Nenngeschwindigkeit
c) Verzögerung
d) Halt und Bündigstellung

15 Anlagen- und Fördertechnik

[5] Welche Steuerungsarten sind im Aufzugbetrieb üblich?

a) Einzelfahrsteuerung
b) Abwärtssammelsteuerung
c) Vollsammelsteuerung
d) Gruppensammelsteuerung

[6] Wie wird die Förderleistung eines Aufzugs angegeben?

Förderleistung = Anzahl der Personen, die in einem 5-Minuten-Intervall befördert werden können.

[7] Wie werden Personenaufzüge nach der Nennlast gestuft?

– 320 kg: 4 Personen
– 400 kg: 5 Personen
– 630 kg: 8 Personen
–1600 kg: 21 Personen

> Der Füllungsgrad beträgt meist 60–80 %

[8] Was ist bei der Planung von Aufzuganlagen zu berücksichtigen?

– Gebäudetyp und -höhe
– Zahl der Stockwerke und ihre Nutzung
– Anzahl der Personen im Gebäude

> Pro 20 in einem Gebäude wohnende oder arbeitende Menschen soll ein Aufzugplatz zur Verfügung stehen.

[9] Welchen Zweck hat die Kabinentür?

Personen und Sachen befinden sich in einem abgeschlossenen Raum, Verletzungen oder Beschädigungen durch die Schachtwand sind nicht möglich.

[10] Was sind Panorama-Aufzüge?

Aufzüge ohne Schacht; der voll verglaste Fahrkorb fährt an Schienen an der Wand hoch.

15.4 Sicherheitseinrichtungen

[1] Welche Sicherungseinrichtung müssen Aufzüge besitzen?

a) Fangvorrichtung: verhindert Absturz oder Überschreitung der Betriebsgeschwindigkeit um mehr als 10 %
b) Regler: sichert Motor und Steuerung vor Fehlschaltungen und Überlastung
c) NOT-AUS: bremst den Fahrkorb im Gefahrenfall

> Sprechverbindungen und Notruf-Leitsysteme geben zusätzlich ein psychologisches Sicherheitsgefühl.

[2] Nennen Sie weitere sicherheitstechnische Mittel im Aufzugbau.

a) Pendelbegrenzer: verhindern ein Nachschwingen des Fahrkorbs
b) Puffer: federn die Kabine beim Absturz ab
c) Schachttürverschlüsse: verriegeln die Schachttür, ehe der Fahrkorb abfährt

[3] Wie läßt sich ein Einklemmen von Personen in Aufzugtüren vermeiden?

– Sensorleisten an Fahrkorbtüren
– Lichtschranken im Türrahmen
– Bewegungsmelder in der Deckenverkleidung des Korbes

[4] Wie läßt sich die Sicherheit und das Sicherheitsgefühl im Fahrkorb erhöhen?

– Lasten vor Verrutschen sichern
– Hartholzschutzleisten und Stahlhandläufe an der Wand
– robuste Fußboden- und Wandverkleidung, z. B. Edelstahlblech
– ausreichende Belüftung
– indirekte Beleuchtung
– Sensor-Bedienelemente
– helle, beruhigende Farben →

▷ *Fortsetzung der Antwort* ▷
- Spiegel an Wänden und/oder Decke
- keine sichtbaren Schrauben und Befestigungselemente

5 Nennen Sie den wichtigsten Grundsatz der Aufzugsverordnung.

„Wer eine Aufzugsanlage betreibt, hat diese in betriebssicherem Zustand zu erhalten und ordnungsgemäß zu betreiben."

6 Wie wird die Betriebssicherheit einer Aufzuganlage erhalten?

a) regelmäßige Wartung: Bewahrung des Soll-Zustands
b) regelmäßige Inspektion: Beurteilung des IST-Zustands
c) fachmännische Instandsetzung bei Mängeln

16 Technische Mathematik

16.1 Volumen und Masse

Für den Baumschutz sind zu berechnen:

1 Zuschnitte L in mm für
a) Stab 1,
b) Stab 2.

a) $L = (2500 - 900) / 2 + 40$
 $= $ **840 mm**
b) $L = (2500 - 1600) / 2 + 40$
 $= $ **490 mm**

2 Zuschnitte L in mm für
a) Ring 1,
b) Ring 2,
c) Außenring.

a) $L = (900 + 30) \times \pi = $ **2922 mm**
b) $L = (1600 + 30) \times \pi = $ **5121 mm**
c) $L = (2500 + 2 \times 10 + 2 \times 8 - 2 \times 19{,}4) \times \pi$
 $L = 2497 \times \pi = $ **7845 mm**

3 Teilungen und Abstände von
a) Stab 1 innen,
b) Stäbe am Außenring.

a) Teilung = Umfang / Stäbe
$t = U/n = (\pi \times d) / n = (\pi \times 900) / 150 = $ **18,8 (mm)**
Stababstand = Teilung – Stabdicke
$l_i = 18{,}8$ mm $- 10$ mm $= 9$ mm

b) Teilung = Umfang / Stäbe
$t = U/n = (\pi \times d) / n = [\pi \times 2500] / 300$
$= $ **26 (mm)**
Stababstand = Teilung – Stabdicke, Krümmung vernachlässigt!
$l_i = 26$ mm $- 10$ mm $= $ **16 mm**

4 Materialbedarf m in kg getrennt nach Profilen bei 5 % Verschnittzuschlag.

$m = $ Metergewicht $\times$ Länge
a) Fl: $m = 2{,}36$ kg/m $\times (0{,}84 + 0{,}49)$ m $\times 150 \times 1{,}05 = $ **495 kg**
b) $\square$: $m = 6{,}94$ kg/m $\times (2{,}922 + 5{,}121)$ m $\times 1{,}05 = $ **59 kg**
c) T: $m = 8{,}32$ kg/m $\times 7{,}845$ m $\times 1{,}05$
$m = $ **69 kg**

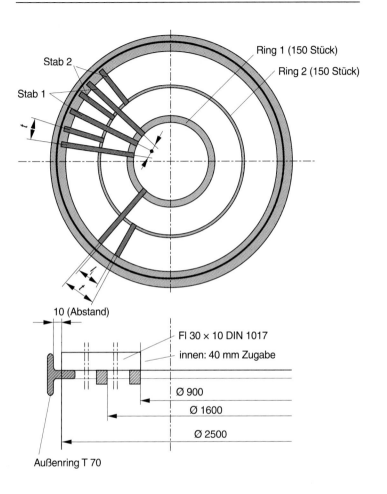

Ring 1, 2: b = 30 mm
           l' = 6,94 kg/m

16.2 Kräfte und Momente

Für den Ausleger sind zu berechnen:

1 Stabkräfte F_1 und F_2 graphisch. (Übertragen Sie die Skizze!)

Lösung mit Kräfteparallelogramm.
$F_1 = $ **840 N** $F_2 = $ **740 N**

2 Kräfte und Spannungen in den einzelnen Bauteilen.

Rundstahl: Zugkraft, Zugspannung
T-Profil: Druckkraft, Druckspannung
Anschraubplatte: theoretisch $F = 0$

**3 a) Abstand der Aufhängepunkte A und B,
b) Länge des Rundstahls.**

a) AB mit Winkelfunktionen:
tan 30° = AB/1 m
AB = tan 30° × 1 m = **0,58 m**
b) Länge Rd mit Pythagoras:
$L = \sqrt{(1^2 \text{ m} + 0{,}58^2 \text{ m}^2)} = $ **1,16 m**

4 Gesamtgewicht in kg.

Gesamtgewicht = Länge × Metergewicht
a) Rd: 1,16 m × 8,71 kg/m = **10,1 kg**
b) TB: 1 m × 13,2 kg/m = **13,2 kg**
c) Fl: 0,75 m × 12,6 kg/m = **9,45 kg**

5 Verzinkungsgewicht m in kg nach ATV.

Verzinkungsgewicht = Metergewicht × Zuschlag für Schweißnähte (2 %) × Zuschlag für haftendes Zink (5 %).
$m = (10{,}1 \text{ kg} + 13{,}2 \text{ kg} + 9{,}45 \text{ kg})$
$\times 1{,}02 \times 1{,}05 = $ **35,1 kg**

6 Vom Ausleger verursachtes Biegemoment M_b.

$M_b = $ Kraft × Abstand
$M_b = 400 \text{ N} \times 1 \text{m} = $ **400 Nm**

**7 Spannungen in
a) Zugstange σ_z,
b) Ausleger σ_d.**

Spannung = Kraft/Querschnitt
a) $\sigma_z = F / S = 840 \text{ N} / 113 \text{ mm}^2$
   $\sigma_z = $ **7,5 N/mm²**
b) $\sigma_d = F / S = 740 \text{ N} / 1700 \text{ mm}^2$
   $\sigma_d = $ **0,43 N/mm²**

16 Technische Mathematik

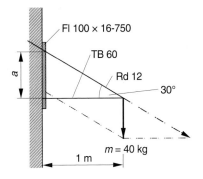

16.3 Antriebe

Für den Flansch sind zu berechnen:

[1] Drehzahl des Bohrers, wenn der Riemen auf der Scheibe d_{w2} = 150 mm läuft.

$n_1 \times d_1 = n_2 \times d_2$
$n_2 = n_1 \times d_1 / d_2$
$n_2 = 1200 \text{ min}^{-1} \times 200 \text{ mm} / 150 \text{ mm}$
$n_2 =$ **1600 min^{-1}**

[2] Geschwindigkeiten v in m/min von
a) Bohrer,
b) Riemen.

a) $v = \pi \times d \times n$
$v = \pi \times 8 \text{ mm} \times 1600 \text{ min}^{-1}$
$v = 40\,200 \text{ mm/min} =$ **40 m/min**

b) $v = v$ des Bohrers
$v = 40$ m/min

[3] Hauptnutzungszeit t_h in min für eine Bohrung.

$t = L \times i / f \times n$
$L = t + \text{Anlaufweg} + 0{,}3 \times d$
$L = 12 \text{ mm} + 2 \text{ mm} + 0{,}3 \times 8 \text{ mm}$
$L = 16{,}4 \text{ mm}$
$t = 16{,}4 \text{ mm} \times 1 / 0{,}2 \text{ mm} \times 1600 \text{ min}^{-1}$
$t =$ **0,05 min**

[4] Vorgabezeit T für 2 Flansche (zur Bohrzeit kommen noch 0,4 min Nebenzeit pro Bohrung und insg. 10 min zum Vorbereiten).

$T = \text{Rüstzeit} + \text{Ausführungszeit}$
$T = 10 + (0{,}05 + 0{,}4) \times 8 \times 2$
$T =$ **17,2 (min)**

[5] a) Winkelteilung,
b) Mittenabstand der Bohrungen.

a) $\alpha = 360° / n = 360° / 8 =$ **45°**
b) $l_i = d \times \sin \alpha / 2$
$l_i = 160 \text{ mm} \times \sin 45° / 2$
$l_i =$ **61,2 mm**

[6] Rationalisierungsmöglichkeiten, wenn mehrere Flansche gefertigt werden.

Je Flansche aufeinander legen und zusammen bohren, spart einmal anreißen oder Teilapparat benützen.

16 Technische Mathematik

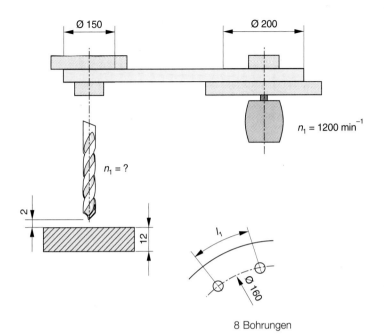

8 Bohrungen

16.4 Wärmetechnik

Für das Fenster sind zu berechnen:

[1] Temperaturen und Temperaturdifferenz in Kelvin.

innen: $T = 20° + 273 = \mathbf{293\ K}$
außen: $273 + (-14°) = \mathbf{259\ K}$
$\Delta T = 20 - (-14) = \mathbf{34\ K}$

[2] Wärmestrom in W durch das Fenster im Winter.

$Q = A \times k \times \Delta T$
$Q = (1{,}375 \times 1{,}25)\ m^2 \times 2{,}1\ W/m^2\ K \times 34\ K$
$Q = \mathbf{23\ W}$

[3] Äquivalenter k-Wert des Fensters.

$k_{eq,F} = k_F \times g * S_F$
$k_{eq,F} = 2{,}1\ W/m^2\ K \times 0{,}5 \times 1{,}65$
$k_{eq,F} = \mathbf{1{,}73\ W/m^2\ K}$

[4] Dehnungsraum für die Scheibe.
(B × L: 1 m × 1,15 m, Temperaturdifferenz: $-20\,°C \ldots +60\,°C$)

$\Delta l = l \times a \times \Delta T$
$\Delta l = 1000\ mm \times 0{,}0000101\,/\,K \times 80\ K$
$\Delta l = \mathbf{0{,}8\ mm}$
$\Delta l = 1150\ mm \times 0{,}0000101\,/\,K \times 80\ K$
$\Delta l = \mathbf{0{,}92\ m}$

[5] Die Scheiben werden durch eine Wärmeschutzverglasung ersetzt, der k-Wert sinkt auf 1,5 W/m² × K, die Innentemperatur steigt auf 22 °C. Energieeinsparung in %.

Energieverlust bisher: 123 W = 100 %
$Q_{neu} = A \times k \times \Delta T$
$Q_{neu} = (1{,}375 \times 1{,}25)\ m^2 \times 1{,}5\ W/m^2\ K \times 36\ K$
$\mathbf{Q = 93\ W}$
123 W = 100 %
1 W = 100/123 = 0,813 %
93 W = 75,6 %
Einsparung: **24,4 %**

[6] Genaue Berechnung des k-Werts der Scheibe.

Hinweis: Es müssen die Wärmeübergangswiderstände der einzelnen Schichten, Glas und Luft, und die Wärmeübergangswiderstände innen und außen bestimmt werden.

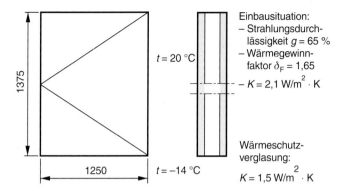

16.5 Fügetechnik

Für den Kastenträger sind zu berechnen:

1 Gesamtlänge der V-Nähte in m.

$L = s \times 710$ mm $+ 2 \times 700$ mm
$L =$ **2,82 m**

2 Gesamtlänge der Kehlnähte in mm.

$L = 2 \times (4000 + 3000 + 546)$ mm
$L =$ **15,09 m**

3 Schweißgutmengen für
a) V-Nähte (680 g/m),
b) Kehlnähte (250 g/m).

a) $m = m' \times l$
  $m = 680$ g/m $\times 2,82$ m
  $m =$ **1,92 kg**
b) $m = 250$ g/m $\times 15,09$ m
  $m =$ **3,77 kg**

4 Schweißzeit für
a) V-Nähte (36 cm/min),
b) Kehlnähte (50 cm/min).

a) $t = l/v$
  $t = 282$ cm/36 cm/min $=$
  $t =$ **7,83 min**
b) $t = 150,9$ cm/50 cm/min
  $t = 30,2$ min

> Reine Schweißzeit ohne Nebenzeiten!

5 Verbrauch an CO_2-Gas, wenn ca. 20 l/min üblich sind.

$V = V \times t_{ges}$
$V = 20$ l/min $\times (7,8 + 30,2)$ min
$V =$ **760 l**

6 Druckabfall an der CO_2-Gasflasche während der Schweißarbeit. (40-l-Flasche)

$\Delta V = V_{Fl} \times \Delta p/p_{amb}$
$\Delta p = \Delta V \times p_{amb}/V_{Fl}$
$\Delta p = 760\ l \times 1$ bar/40 l
$\Delta p =$ **19 bar**

7 Elektrodenverbrauch im Stück, falls mit Stabelektroden 4×450 mm geschweißt werden muß.
$m_e = 37$ g

$n = m/m_e$
$n = (1920$ g $+ 3770$ g$) / 37$ g
$n = 154$ Elektroden
Schweißzeit vervielfacht sich wegen Elektrodenwechsel.

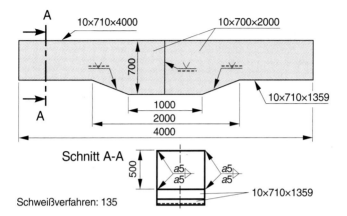

Schweißverfahren: 135

16.6 Festigkeit

Für die Kranbrücke sind zu berechnen:

[1] Gesamtgewicht aus Träger, Kran und Last.

$m = 2300$ kg $+ 600$ kg $+ 115$ kg/m $\times 6$ m
$m = 3590$ kg $= \mathbf{3{,}6}$ **t** $(35\,900$ N$)$

[2] Auflagerkräfte F_A und F_B.

Drehpunkt bei A: (nur Punktlasten)
$F_B \times l = F_{\text{Träger}} \times l_2 + F_{\text{last}} \times l_1$
$F_B = (F_{\text{Träger}} \times l_2 + F_{\text{last}} \times l_1) / l =$
$= (6900$ N $\times 3$m$) + 29\,000$ N $\times 2$ m$)/6$ m
$F_B = \mathbf{13\,116}$ **N**
$F_A + F_B = F_g$
$F_A = F_g - F_B$ w $= 35\,900$ N $- 13\,116$ N
$F_A = \mathbf{227\,834}$ **N**

[3] Spannung σ_z und Sicherheit $\nu =$ im Zugseil: d: 20 mm, DIN 3053, R_e: 330 N/mm².

$\sigma_z = F / S \quad S = 314$ mm²
$\sigma_z = 23\,000$ N $/ 314$ mm²
$\sigma_z = \mathbf{73{,}2}$ **N/mm²**
$\nu = R / \sigma_z$
$\nu = 330$ N/mm² $/ 73{,}2$ N/mm²
$\nu = \mathbf{4{,}5}$

[4] Biegespannung σ_b im Träger.

$\sigma_b = M_b / W_b$ (vereinfacht!)
$M_b = (F \times l_1 \times l_2\, 2\,) / l$
$M_b = (35\,900$ N $\times 2$ m $\times 4$ m$) / 6$ m
$M_b = 47\,870$ Nm
$\sigma_b = 47\,870$ N $\times 10^3$ mm³ $/$
$\quad 1680 \times 10^3$ mm³
$\sigma_b = \mathbf{28{,}5}$ **N/mm²**

[5] Flächenpressung p in der Auflagerplatte A.

$p = F / A = 22\,784$ N $/ 40$ cm $\times 60$ cm
$p = \mathbf{9{,}5}$ **N/cm²**

[6] Die wirkenden Kräfte wenn sich der Kran zum Festlager hin bewegt. (Pfeile einzeichnen)

Hinweis: Waagerechte Pendelkräfte bewirken Längskräfte in der Kranbrücke und im Festlager.

16 Technische Mathematik

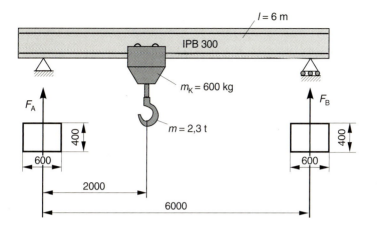

17 Arbeitsplanung

17.1 Schweißkonstruktion: Maschinengestell

1 Informieren Sie sich anhand der Stückliste über Profile und deren Abmessungen.

U-Profil, DIN 1026, 300 mm hoch, 1,2 m lang
HE-A-Profil (IPBl) DIN 1025, 260 mm hoch, 800 mm lang, usw.

2 Welche Werkzeuge und Maschinen brauchen Sie zur Fertigung?

Kreis- oder Hubsäge zum Ablängen der Profile, Bohrmaschine für Aussparung, Handschleifmaschine zum Kantenbrechen, Schweißgerät (MAG oder Lichtbogenhandschweißen), Brennschneidanlage für Pos. 3, usw.

3 Legen Sie die Nahtformen fest und tragen Sie in die Zeichnung die notwendigen Schweißnahtsymbole ein.

Alle Positionen können mit Kehlnähten verschweißt werden. Das a-Maß liegt zwischen 2 und 4 mm, je nach Profilstärke.

4 Beschreiben Sie den Brennschneidvorgang für das Fenster.

1. anreißen und an den Ecken vier Löcher mit $\varnothing$ ca. 16 mm bohren
2. gerade Fensterkanten schneiden (tangential entgraten)

5 In welcher Reihenfolge schweißen Sie die Konstruktion?

1. Auftragschweißung auf Pos. 1
2. Pos. 3 mit 4
3. Pos. 4/3 mit 5
4. Pos. 4/3/5 mit 6 $\Rightarrow$ Arm komplett
5. Pos. 2 mit Pos. 1
6. Arm an Pos. 2

6 Geben Sie die zulässigen Maßabweichungen an.

a) Rohrlänge 350 mm:
   $\pm 1,2$ mm (DIN 7168 – g)
b) Achsabstand 855 mm:
   ± 2 mm (DIN 8570 – A)
c) Blechgröße Pos. 4:
   $300 \pm 1,2$ mm $\times 250 \pm 1,2$ mm
   (DIN 7168 – g)

17 Arbeitsplanung

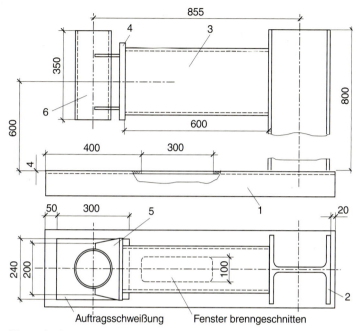

Allgemeintoleranzen:
DIN 8570-A
DIN 7168-g

6	1	Aufnahmerohr	DIN 2448	Ro 159×7,1-350
5	2	Stützleiste	DIN 1541	Bl 8×250×100
4	1	Stirnplatte	DIN 59200	Bl 20×300×250
3	1	Querbalken	DIN 59410	☐ 60×180×8-600
2	1	Säule	DIN 1025	HE-A 260-800
1	1	Aufspanntisch	DIN 1026	U 300-1200
Pos.	Menge	Benennung	Sach.- Nr./ Norm	Bemerkung/ Werkstoff

17.2 Metallbaukonstruktion: Al-Fenster

☐1 Informieren Sie sich anhand der Schnitte über Besonderheiten der Fensterkonstruktion.	Zum Beispiel: thermisch getrenntes Fenster, Profile durch Dämmstege verbunden, auf Einputzzarge montiert, Zweischeiben-Isolierverglasung usw.
☐2 Geben Sie die Aufgaben der einzelnen Bauteile an.	Pos. 1 Blendrahmen: Montage in der Laibung, Aufnahme des Flügels … Pos. 8: Abdeckung: Schutz der Isolierung und der Fensterunterseite vor Nässe
☐3 Aus welchen Werkstoffen sind die einzelnen Bauteile gefertigt?	Zum Beispiel: Pos. 1, 2, 5 (Blend-, Flügelrahmen, Glashalteleiste): Al Mg Si 0,5 F22
☐4 Beschreiben Sie Art und Besonderheiten der Verglasung.	Zwei-Scheiben-Isolierglas, Druckverglasung mit Glashalteleisten; Glasfalzbelüftung und Entwässerung nach unten – außen
☐5 Markieren Sie mit rotem Stift die Bauteile, die für die Wärmedämmung maßgeblich sind.	Zum Beispiel: Mitteldichtung, Trennstege, Scheibenzwischenraum, Basisprofil, usw.
☐6 Markieren Sie mit blauem Stift die Bauteile, die gegen Nässe und Feuchte isolieren.	Zum Beispiel: Abdeckung, Wasserschenkel, Isolierpappe, Fugenisolierung, usw.
☐7 Welche Maschinen brauchen Sie zur Fensterherstellung?	Gehrungssäge, Schlitzfräse für Beschlagausnehmungen, Bohrmaschine für Entwässerungs- und Belüftungslöcher, Eckverbindungspresse

17 Arbeitsplanung

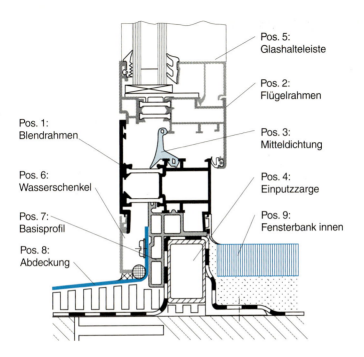

17.3 Blechkonstruktion: Auffangbehälter

[1] Ergänzen Sie die Stückliste.

Pos. 1:
1 × Bodenblech DIN 1623, S235, Bl 3 × 694 × 394
Pos. 8:
2 × Randversteifung, DIN 1013, S235, Rd 8 – 700

[2] Welche Werkzeuge und Maschinen brauchen Sie zur Fertigung?

Kreis- oder Hubsäge zum Ablängen der Profile (Pos. 5, 6), Brennschneidmaschine für Pos. 1, 2, 3, 4 und $\varnothing$ 200, $\varnothing$ 50, Bohrmaschine für Bohrungen $\varnothing$ 13, Handschleifmaschine zum Kantenbrechen, usw.

[3] In welcher Reihenfolge fertigen Sie den Behälter?

Teilefertigung: alle Teile zuschneiden, Pos. 4 anreißen, brennschneiden, bohren, Pos. 1 anreißen, Loch brennschneiden
Montage: Pos. 5 mit Pos. 1 (2×), Pos. 6 mit Pos. 2 (2×), Pos. 2 mit Pos. 4, Pos. 2 mit Pos. 3 (2×), Eckklemme verwenden, Pos. 1 einschweißen, Pos. 8 und Pos. 7 aufschweißen (2×)

[4] Skizzieren Sie den Behälter, tragen Sie die Schweißnahtsymbole ein.

[5] Nennen Sie mögliche Randversteifungen.

Wulst, Dreikantumschlag, L-Profil anschweißen, u. a.

[6] Bestimmen Sie den Inhalt in Liter.

$V = l \times b \times h = 7$ dm $\times 4$ dm $\times 3{,}5$ dm $= 98$ dm$^3 = 98$ Liter

[7] Was ist bei der Fertigung im Hinblick auf das Verzinken zu beachten?

Nähte dicht schweißen, Spritzer bzw. Schlackenreste und Farbmarkierungen entfernen, Aufhängeösen vorsehen, wenn möglich spannungsarm glühen.

17 Arbeitsplanung

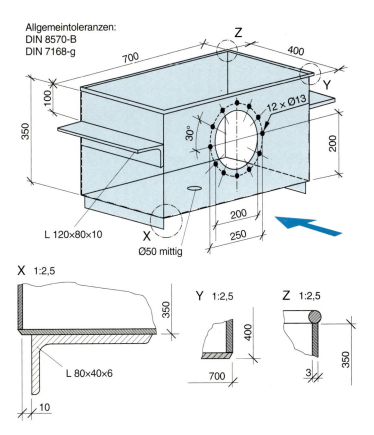

8		Randversteifung lang		
7		Randversteifung kurz		
6		Einhängeschiene		
5		Auflageschiene		
4		Vorderwand		
3		Rückwand		
2		Seitenwand		
1		Bodenblech		
Pos.	Menge	Benennung	Sach.- Nr./ Norm	Bemerkung/ Werkstoff

© Holland + Josenhans

17 Arbeitsplanung

17.4 Schmiedearbeit: Amboßgesenk

1 Wählen Sie geeignete Profile und Werkstoffe.

Schaft: Vierkantstahl 25 × 25, 1014, Vergütungsstahl, z. B. C 60
Gesenk: Flachstahl 60 × 20, DIN 1017, Vergütungsstahl, z. B. C 60

2 Welche Werkzeuge und Einrichtungen müssen Sie vorbereiten?

U. a. Esse oder Gasofen, Amboß, Handhammer, Kehlhammer, Abschrot, Schmiedemaßstab, Zuschlaghammer, Kugelhammer, Schweißgerät, Schleifbock, Schraubstock, Thermochromstifte für Anlaßtemperatur.

3 Beschreiben Sie den Schmiedevorgang von Schaft und Gesenk.

Es wird in beiden Fällen „von der Stange" geschmiedet!
Schaft erwärmen auf Hell-Kirschrot, unter Schwenken um 90° gleichmäßig strecken auf 25 × 25, Prüfen mit Schmiedemaßstab; möglichst „in einer Hitze" schmieden.
Länge 40 mit Körner markieren, erwärmen, abschroten und Schrotfläche plan richten, nach Abkühlen anfasen.
Flachstahl erwärmen auf Hell-Kirschrot, Schmalseiten einseitig auf 100 mm Länge ca. 3 mm abfasen, in der Mitte auf ca. 100 mm Länge kehlen, in zweiter Hitze fertigkehlen und mittig mit aufgesetztem Kugelhammer aufweiten.
Länge 85 mit Körner markieren, erwärmen, abschroten und Schrotfläche plan richten; nach Abkühlen mit dem Schaft verschweißen, Gesenkfläche ausschleifen.
Gesenk auf 800 °C erwärmen, in Öl abschrecken, anschleifen und auf ca. 350 °C anlassen.

4 Welche Vorteile haben Schmiedegesenke?

Auch schwierige Formen lassen sich schnell und in gleichbleibender Form und Größe herstellen, z. B. Stabverdickungen nach dem Anstauchen.

17 Arbeitsplanung

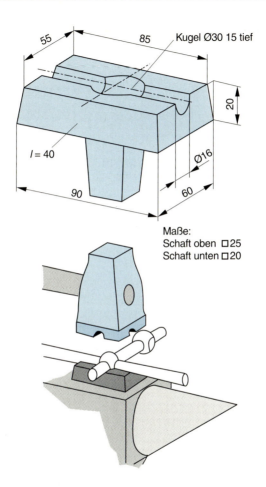

Maße:
Schaft oben ☐25
Schaft unten ☐20

18 Sachwortverzeichnis

Abbrand 46
Abbrenn-Stumpf-
   Schweißen 75
Abflanschen 80
Ablauföffnungen
   (Verzinken) 146
Abrichten
   (Schleifscheibe) 86
Abschreckmittel 30
absolute Maßangabe 114
Abspalten 205
Abstände 222
Aceton 63
Achsen
   (Maschinenelement) 75
Achsen an
   CNC-Maschinen 111
Achterschleife 181
Adhäsion 12
Adreßbuchstaben
   (CNC) 112
Ätzen 207
aktive Gase 70
aktiver Korrosions-
   schutz 33
Aktoren 104
Algorithmus 102
Al-Gußlegierungen 20
Al-Knetlegierungen 20
Al-Schweißen 21
Aluminium 20
a-Maß 62
Amboß 44
Amboßgesenk 240
Amboßwerkzeuge 45
Analoge Steuerungen 104
Anschlagleiste (Tor) 145, 147
Anschlagmittel 130, 215
Anschlagtüren 156
Anwendersoftware 101
Anzugsmoment
   (Schraube) 55
Anzugsmoment
   (Dübel) 127
Aufdornprobe 27
Auflagerkräfte 232
Auflaufkloben 145, 147
Auftragschweißen 61
Auftritt 172, 176
Aufzüge 214, 218
Aufzugantriebe 216
Aufzugsverordnung 221
Ausbeulen 42
Aushärten:
   Al-Legierungen 31

Aushalsen 42
Ausklinken 80, 81
Ausklinkung 37
Außengewinde 92
Aussteifungselemente 194
austenitische Stähle 19
Auswahl: Sägeblatt 82
a-Wert (Fugen) 185
Azetylenflasche 63

Bahnsteuerung 111
Balkongeländer 179
Barock 181, 209, 210
Bauelemente:
   Metallfenster 183
Baumaß 154
Bauphysik 133
Baustähle, allgemeine 16
Baustoffhauptgruppen 124
Bauteile: Aufzug 218
Bauteile: Fenster 186, 236
Bauwinkel 118
Bauxit 20
Befestigungsgewinde 52
Befestigungssystem 123
Belastungsarten 12
Belüftung: Wintergarten 192
Bemaßung:
   Schweißnaht 73
Bequemlichkeitsregel 172
Besatzungsschloß 162
Beschattungssystem 140
Beschläge (Tor) 143
Betriebsstoffe 11
bewegliche Brücken 202
Biegbarkeit 36
Biegen 13, 36
Biegeprobe 27
Biegespannung 232
Biegewinkel 37
Binäre Steuerungen 105
Bindung
   (Schleifscheiben) 85
Blaswirkung 67
Blaubruch 44
Bleche 18
Blechgreifer 215
Blechrichten 49
Blechscheren 79
Blindnieten 60
Blockmontage 119
Bodentürschließer 155
Bördeln 40
Bördelprobe 27
Bohren 90

Bohrmaschinen 90
Bohrverfahren 128
Bolzenschweißen 70
Bolzensetzen 124
Bolzenverbindungen 53
Brandschutz 138
Brennbarkeit von
   Baustoffen 140
Brennschneiddüsen 88
Brennschneiden 87
Brennschneidvorgang 234
Brinell-Probe 29
Bruchgrenze 27
Bruchspannung 28
Brückenbalken 202
Buntbartschlüssel 162
BUS 101

Chubbschloß 163
CNC-Maschinen 89, 110
codegesteuerte Schließ-
   anlage 168
Coil 18

Dachbinder 201
Dachformen 200
Damaszenerstahl 48
Datenschutz 102
Dehnung 27
Dehnungsfugen 13, 202
Dehnungsraum 228
DIN-Links-Flügel 184
DIN-Links-Türen 153
DIN-Rechts-Türen 154
direkte Steuerung 108
Doppelgehrungssäge 82
Dornbeißen 38
Dornmaß 161
Drahtglas 21
Drahtseile 216
Drehflügel 185
Drehkippflügel 185
Drehmomentänderung 76
Drehmomentschlüssel 56
Drehtorantrieb 148
Drehtore 142
Drehzahlberechnungen 226
Dreieckschaltung 100
Dreieckträger 196
dreiteilige Bänder 144
Dreiwalzenrund-
   maschine 42
Drosselventil 106
Druckfügen 58
Druckstützen 198

242

18 Sachwortverzeichnis

Drücken 40
Drücker 153
Dübelbefestigung 124, 126
Dübelversagen 128
Dübelzulassung 128
Duplexsystem 34
Durchhängen (Tor) 143
Durchsteckmontage 126, 127
Duroplaste 23, 24
DV-Anlagen 100

Eckverbindungen 188
Eigenlasten 194
Eigenschaften von Stahl 14
Einbau: Metallfenster 185
Einbauhöhe von
 Isolierglas 23
Einbruchschutz 169
Einfachfenster 183
Eingerichte 164
Einholmtreppe 170
Einkomponentenkleber 25
Einputzzarge 187
Einsatzstahl 15
Einschraubtiefe 54
Einteilung von Stählen 15
Einwirkungen 194
Einzellasten 194
Einzelmontage 119
Einziehen 43
Eisenbahnbrücken 202
Eisengewinnung 13
Eisenmetalle 11
Elastizitätsgrenze 27
Elastomere 23, 24
elektr. Maschinen 98
elektr. Steuerung 108, 110
Elektrode 62
Elektrodentypen 68
Elektrodenverbrauch 68, 230
Elektrohandschere 79
Elektroofen 14
Elementfassade 190
Eloxieren 34, 187
Energiedurchlaßgrad 139
Entfernung 161
Erzaufbereitung 13
ESG-Glas 21, 192
Esse 44
EVA-Prinzip 100
Extrudieren 24

Fahrbahnübergänge 203
Fahrgerüste 121
Fahrkorb 217
Fahrprofil: Aufzug 218
Fahrtreppen 214
Faltprobe 27
Falttore 152
Falzarten 57
Falzherstellung 58
Fangvorrichtungen
 (Tore) 152
Farbeindringverfahren 26
Farbstreifen
 (Schleifscheibe) 85
Faserverlauf
 (Schmieden) 43
Fassaden 190
Federband 159
Fehler: Schweißen 69, 72
Feinblech 18
Feinkornbaustahl 16
Fensterbauarten 183
Fensterprofile 183
Fensterwand 188
ferritische Stähle 19
Fertigungsmaterial 11
feste Brücken 202
Festigkeit 11
Festigkeit (Schrauben) 54
Festlager 197, 232
Feuchte-Isolierung 236
Feuchteschutz 135
feuerbeständige Türen 158
feuerhemmende Türen 158
Feuerschutztüren 138, 158
Feuerschweißen 46, 48
Feuerverzinken 34
Flacherzeugnisse 16
Flachglas 21
Flächenlasten 194
Flächenpressung 232
Flammenart
 (Schweißen) 64
Flammhärten 31
Flammstrahlen 89
Flattern (Tor) 143
Florentiner 152
Förderleistung: Aufzug 219
Fördermittel 214
Formiergase 72
Formrichten 51
formschlüssige
 Verbindung 52
Formschluß (Dübel) 125
Formstahl 17
Fräsverfahren 93
Frequenz 137
Fügen 46
Fugenhobeln 88
Fugenschutz 136
Füllstäbe 201
Füllung (Tor) 142, 144
Füllungsgrad: Aufzug 219

galvanisches Verzinken 34
Ganglinie (Gehbereich) 171
Ganzglasfassade 191
Garagentore 150
Gartentore 142
Gas-Schweißanlage 62, 63
Gasofen 44
Gehbereich (Ganglinie) 171
Geländerbausysteme 180
Geländerbefestigung 178
Gelenkarmmarkise 140
Generator 98
Geschoßhöhe 176
Geschwindigkeit:
 Riemen 226
Gesenkbiegepresse 40
Gesenke 45
Gestaltung:
 Balkongeländer 179
Gestaltung: Geländer 177
Gestaltung: Gitter 180, 182, 205
Gestaltung:
 Metallarbeiten 213
Gestaltung:
 Oberflächen 207
Gestaltung: Schweiß-
 verbindungen 70
Gestaltung: Stützen 198
Gestaltung: Tor 142
Gestaltung: Träger 195
Gestaltungsformen
 der Natur 206
Gestaltungsmittel 205
gestreckte Länge 36
Getriebe 75
Gewindebezeichnungen 92
Gewindemaße 92
Gitter 180
Gitterverband 199
Gleichrichter 65
Gleichstrom 95
Glühverfahren 29
Goldene Regel
 der Mechanik 215
Gotik 164, 181, 209
Grendelriegel 146
Grenzlehrdorn 91
Grünspan 33
Gußeisen 14
Gute Form 205
GVP-Verbindung 54

Härte: Schleifscheibe 84
Härte: Werkstoff 12

Holland + Josenhans 243

18 Sachwortverzeichnis

Härtefehler 31
Härteprüfverfahren 28
Haftreibung 76
Halseisen 145
Hammerbohren 128
Handlauf 177
Handlaufkrümmling 38, 178
Handschweißbetrieb (HSB) 66
Hardware 100
Hauptnutzungszeit 226
Hauptschlüsselanlage 167
Hebelgesetz (Hebezeuge) 129
Hebelgesetz (Scheren) 79
Hebezeuge 129, 214
Heften 65
Heizelement-Schweißen 25
Hellingmontage 204
HE-Profile 17
Hilfsstoffe 11
Hinterschleifen (Sägeblätter) 82
Hinterschnittanker 125
Historismus 209, 211
Höchstmaß 116
Hoftore 142
Hohlniet 60
Hohlprofile 18
Hohlraumanker 125
Hohlschliff 78
Holme (Treppen) 174
Hubzuggeräte 129
HV-Schraube 54
HV-Verbindung 54
Hydraul. Aufzug 217

Impulslichtbogen 72
Induktionshärten 31
Industriegeländer 177
Industrietreppen 175
inerte Gase 70
Injektionsanker 125
Injektorbrenner 63
inkrementale Maßangabe 114
Innengewinde 92
interkristalline Korrosion 32
Inverter 65
I-Profil (Träger) 17
Isolierstoff 12

Jalousie 141
Jugendstil 209, 212

Kalandrieren 24
Kaltfassade 190
Kaltkleber 25
Kaltrichten 49
Kaltverfestigung: NE-Metalle 31
Kanten 38, 40
Kastenfenster 183
Kastenträger 195, 230
kathodische Schutzwirkung 34
Katzenkopfschloß 164
Kehlen 205
Kehlnaht 61
Kennlinien von Schweißgeräten 67, 72
Kesselblech, warmfestes 16
Ketten 132
Kippflügel 185
Kipptore 151
Klangprobe 85
Klappflügel 185
Klassizismus 209, 211
Klavierbandwange 41
Kleben 26
Kleinspannung 99
Knaggen 197
Knicken 198
Knotenblech 201
Knotenpunkt 200
Kohäsion 12
Kohlenstoffgehalt 14
Kontaktkorrosion 21, 32
Konvektion 133
Körnung: Schleifscheibe 84
Körperschluß 99
Korrosion 19
Korrosion, chemische 32
Korrosion, elektrochemische 32
Korrosionsprodukte 33
Korrosionsschutz 33, 207
Kräfte 224
kraftschlüssige Verbindung 52
Kraftschluß (Dübel) 125
Kragträger 196
Kreuzverband 199
Krümmung von Schneiden 78
Kühlschmiermittel 83
Kunststoffe 23
Kupplungen 75, 216
Kurzbezeichnungen: Stähle 16
Kurzschluß 98
K-Verband 199
k-Wert 134, 228

Längenausdehnung 13
Längsverbände (Schiff) 203
Langerzeugnisse 16
Laschennietung 59
Laserstrahlen 119
Lastaufnahmemittel 130, 215
Lastfall H, HZ 195
Laufbreite (Treppe) 171
Lauflänge (Treppe) 176
Laufrichtung (Treppe) 173
Laufschienentor 149
Lautstärke 137
LD-Konverter 14
Legierungen 15
Legierungsmetalle 15
Lehren 116
Leitungselektronen 97
Lichtbogen 66
Lochen 47, 80
Lockern von Verbindungen 55
logische Verknüpfungen 104
Lösen von Schraubverbindungen 56
Lösungsglühen 31
Loslager 197
Lüften 136
Luftdruck 23
Luftfeuchtigkeit 135

MAG-Schweißanlage 71
MAG-Schweißen 70, 71
Martensithärten 29
martensitische Stähle 19
Maschinenumformer 43
Maßabweichungen 234
Maßbezugstemperatur 116
Massenberechnung 222
Maßtoleranz 116
Mauerkloben 147
Mehrscheiben-Isolierglas 22
Messen 116
Metallgestaltung 205
Metalltüren 153
Meterriß 118, 154
MIG-Schweißen 70, 71
Mindestbiegeradius 37, 39
Mindestmaß 116
Mitteldichtung 187
Montage: Balkongeländer 179
Montage: Tore 147
Montagefolgeplan 120
Motor-Schutzschalter 100
Multiplikatoren: Legierte Metalle 15

18 Sachwortverzeichnis

Nach-Links-Schweißen 64
Nach-Rechts-Schweißen 64
Nachschließen 163
Nahtarten 62
Nahtformen 234
NC-Maschinen 110
NC-Programm 112, 114
Neutrale Faser 36
Nibbelmaschine 79
Nichteisenmetalle 19
Nichtleiter 97
NICHT-Verknüpfung 104
Nietfehler 60
Nietverbindungen 59
Nitrieren 31
Nivelliergerät 117
Normalglühen 29
Normhallen 200
Nullpunkte (CNC-Maschinen) 111
Nylondübel 125

Oberflächenhärten 30
Obergurt 196, 201
Obertürschließer 155
ODER-Verknüpfung 104
Öffner 109
Öffnungsart: Fensterflügel 185
Ohmsches Gesetz 94
On-line-Programmierung 115
Ornamente 48, 205, 209

Panikverschlüsse 157
Panoramaaufzüge 219
Parallelschaltung 96
Parallelträger 196
Partnerschlüsselsystem 166
passiver Korrosionsschutz 33
Passivieren 35
Patina 33
Pendelstützen 198
Pendeltüren 156
Pfanne 145
Pfeiler 202
Pfostenfassade 190
Pittsburg-Falz 58
Planung: Schließanlage 169
Plasma-Schneiden 89
Play-back-Programmierung 114
pneumatische Steuerungen 106
Podeste 175

Polyaddukte 23
Polykondensate 23
Polymerisate 23
poröse Masse 63
Postmoderne 212
Preßbiegen 38
Preßschweißen 61, 74
Preßsitz 75
Probestab 28
Profilbearbeitungszentren 83
Profilbezeichnungen 17
Profilbiegen 36
Profil, -herstellung 17
Profilfaktor 139
Profilstahlschere 80
Programmierung (CNC) 113
Programmsatz (CNC) 113
Prüfarbeiten 119
Pultdach 200
Pulver-Brennschneiden 88
Punktschweißen 74
Punktsteuerung 111
Pylon 202

Querkraftanschlüsse 198
Querschneide 90
Querschnittsveränderung 13, 36
Querverbände (Schiff) 203

Rahmen (Tor) 142
Rahmenmaterialgruppe 134, 185
Rahmentürschließer 155
Randversteifungen 42, 238
Rauchschutztüren 157
Reduktion 13
reduzierende Gase 71
Regelungen 103
Reibahlen 91
Reihenschaltung 96
Renaissance 164, 181, 209
Richten 48
Richtscheit 118
Richtungsprüfgeräte 117
Rippen 199
Rockwell-Probe 29
Rohbaumaß 154
Roheisen 13
Rohrbiegen 38, 39
Rohre 16, 18
Rohrgewinde 92
Rohrherstellung 18
Rohrschlange 39
Rokoko 209, 211

Rollnahtschweißen 74
Romanik 181, 209
Rostfreie Stähle 19, 35
Runden 40, 42
R_w-Wert 185

Sägemaschinen 83
Satteldach 200
Sauerstoff-Flasche 62
Sauerstoffverbrauch 65
Schachtelprogramme 89
Schachttüren 217
Schäumen 24
Schaftfräser 92
Schallausbreitung 137
Schallbrücken 138
Schall-Dämmaß 137
Schallschutz 22, 137
Schallschutzklasse 137
Schallschutzmaßnahmen 137
Schaltplan: pneumat. 107
Scheiben 56
Scheibenverbund 22
Scheibenverklotzung 187
Scheren 77
Scherfestigkeit 77
Scherkraft 81
Schervorgang 77
Schiebetore 142, 146
Schiebetorantrieb 150
Schiffsausrüstung 204
Schiffskörper 203
Schlagbohren 128
Schlagregen 136
Schlagschnur 117
Schlauchwaage 117
Schleifbänder 86
Schleifbock 83, 85
Schleiffunkenprobe 26
Schleifkörper 84
Schleifmaschinen 83
Schleifmittel 85
Schleifscheiben 84
Schließanlagen 167
Schließblech 153
Schließer 109
Schließfolgeregler 159
Schließkantensicherungen 152
Schließplan 168
Schließsystem, elektronisches 166
Schließzylinder 165
Schlösser-Bauarten 161
Schloß 153
Schloß-Bauteile 162
Schlüssel-Bauteile 161

Holland + Josenhans

18 Sachwortverzeichnis

Schmelzschweißen 61
Schmiedbarkeit 14
Schmiedebereich 44
Schmiedehämmer 45
Schmiedetechniken 46
Schmiedevorgang 240
Schmiedezangen 45
Schneidschrauben 56
Schneidspalt 78
Schnittfläche:
  Brennschneiden 88
Schnittgeschwindigkeit:
  Brennschneiden 88
Schnurgerüst 117
Schotte 204
Schränken (Sägeblätter) 82
Schraubenarten 53
Schraubenherstellung 53
Schraubensicherungen 55
Schrittmaßregel 172
Schutzgase 71
Schutzgasschweißen 71
Schutzisolation 99
Schutzmetall 32
Schutztrennung 99
Schwarzbrennen 33
Schwarz-Weiß-
  Verbindung 73
Schweifen 43
Schweißfehler 65
Schweißgutmenge 230
Schweißmaschinen 65
Schweißnahtsymbole 234
Schweißpositionen 62
Schweißrichtung 64
Schweißstromkabel 67
Schweißtransformator 66
Schweißzeit 230
Schwenkbiegemaschine 41
Schwitzwasserbildung 193
Seile 132
Sektionaltor 151
Senker 91
Sensoren 104, 108
Setzstöckel 45
Sheddach 200
Sicherheit v 232
Sicherheit: Schleifen 86
Sicherheit:
  Schließzylinder 165
Sicherheitsbeschläge 159
Sicherheitseinrichtung:
  Aufzüge 220
Sicherheitseinrichtung:
  Tore 152
Sicherheitsgefühl 220
Sicherheitsglas 21
Sicherheitsregel 172

Sicherungen im
  Stromkreis 97
Sicherungskarte 169
Sicken 43
SL-Verbindung 54
Software 100, 101
Sondererzeugnisse 16
Sonnenschutz-
  maßnahmen 140
Spannen von Blech 51
Spannung 67, 94, 194, 224, 232
Spannungs-Dehnungs-
  Diagramm 27
Spannungsarmglühen 29
Spannungserzeugung 95
Spanten 204
Sperrventile 106
Spiegelschweißen 25
Spindelbume 48
Spreizwinkel 130
Sprossenfassade 190
SPS-Steuerungen 104
Stab-Rahmen-
  Verbindung 207
Stabformen: Gitter 180
Stabkräfte 224
Stabstahl 17
Stahlbezeichnungen 15
Stahlbrücken 202
Stahlfenster 189
Stahlgewinnung 14
Stahlseil in Geländern 178
Stahlskelettbau 201
Stahlspreizdübel 125
Standzeit: Bohren 90
Standzeit:
  WIG-Elektrode 73
statische Systeme 202
Stauchen 205
Steigleitern 174
Steigung 172, 176
Steigungsdiagramm 173
Steigungswinkel
  (Treppe) 171, 176
Sternschaltung 100
Stetigförderer 214
Steuereinrichtung 103
Steuerstrecke 103
Steuerung: Aufzug 219
Steuerungen 103
Steuerungen:
  Brennschneiden 89
Steven 204
Stiftverbindungen 53
Stilelemente 182
Stilepochen 209, 213
Stilmerkmale 209

stoffschlüssige
  Verbindung 52
Stoffschluß (Dübel) 125
Stoßarten 61
Stoßblech 174
Stoßverbindungen 188
Strahlung 133
Stranggießen 14
Strangpressen 20
Strecken 49
Streckensteuerung 111
Stromkreis 95, 96
Stromlaufplan 109
Stromstärke 67, 94
structural glazing 191
Stückliste 234, 238
Stützen 194
Stützenfuß 199
Sturmstange 146
Systembefehle 101
Systemfenster 186
Systemlinienplan 200
Systemsoftware 101

Taumelnieten 60
Taupunkttemperatur 135
Tauschieren 207
Tauwasserbildung 135
TB-Stahl 17
Teach-In-
  Programmierung 114
Teilung 222
Temperaturdifferenz 228
Theodolit 122
thermische Trennung:
  Fenster 184
thermisches Trennen 87
Thermoplaste 23, 24
Tiefziehblech 18
Tiefziehen 40
Topfzeit 26
Tor für steigende
  Einfahrt 149
Torachsantrieb 148
Torbänder 144
Torfeststeller 146
Torlagerung 142
Torpfosten 143
Tour (Schloß) 161
T-Profil 17
Träger 194, 232
Trägeranschluß 196, 197
Trägerauflager 197
Trägerformen 195
Trägerkreuzung 81
Trägerstoß 196
tragende
  Konstruktion 123, 126

18 Sachwortverzeichnis

Tragfähigkeit von
  Schrauben 56
Tragklemme 132
Tragmechanismus
  (Dübel) 125
Tragmittel 130, 215
Transformator 98
Trapezträger 196
Treibrillenquerschnitte 217
Treibscheiben 216
Trennen 46
Trennkammer 184
Trennschnitt 78
Treppenanschluß 175
Treppenarten 170
Treppenberechnung 176
Treppengeländer 177
Treppenmaße 170
Treppenregeln 172
Tribünengeländer 179
Trockenverglasung 184
Türarten 153
Türbänder 155
Türschließer 155
Türsteuerung 107

Überlappungsnietung 59
Ultraschallprüfung 26, 28
Umformen 46
Umformer 66
Umformgrad 24
Umformverfahren 40
Umhüllung (Elektrode) 68
Ummantelung (Brand-
  schutz) 139
Umschläge (Blech) 42
Umwandlungs-
  temperatur 30
UND-Verknüpfung 104
Unfälle an Treppen 172
Unfallverhütung:
  Anschlagen 131
Unfallverhütung:
  Aufzüge 220
Unfallverhütung:
  Bolzensetzen 124
Unfallverhütung:
  E-Technik 99
Unfallverhütung:
  Lastentransport 120
Unfallverhütung:
  Montagearbeiten 121
Unfallverhütung:
  Scheren 80
Unfallverhütung:
  Schiebetore 151
Unfallverhütung:
  Schleifen 85

Unfallverhütung:
  Schweißen 63, 69
Unter-Pulver-Schweißen
  (UP) 69
Untergurt 196, 201
Unterkonstruktion:
  Fassade 190

Verbindungen, lösbar,
  unlösbar 52
verbindungsprogr.
  Steuerung 104
Verdrehen 205
Verglasung 193, 236
Verglasungsarten 184
Vergüten 30
Vergütungsstahl 15
Verkehrslasten 194
Verkehrslasten
  (Treppen) 173
Verkürzung beim Kanten 41
Verschnittzuschlag 222
Verziehung (Treppe) 176
Verzinken 34, 146, 238
Verzinkungsgewicht 224
Verzug 48
Verzunderung 46
Vickers-Probe 29
Vitrinen 193
Volumenberechnung 222
Vorgabezeit 226
Vorwärmen beim
  Schweißen 68
VSG-Glas 21, 192

Walzenbiegen 38
Wangen (Treppen) 174
Wangentreppen 170
Wärmeausbreitung 133
Wärmebehandlung 29
Wärmedämmung 236
Wärmedurchgang 134
Wärmeenergiebedarf 134
Wärmefiguren 50
Wärmeleiter 12, 133
Wärmeleitfähigkeit 133
Wärmemenge:
  Schmieden 44
Wärmeschutz 133
Wärmeschutz-
  verglasung 228
Wärmeschutz-
  verordnung 135
Wärmestrom 228
Warmfassade 190
Warmgasschweißen 25
Warmkleber 25
Warmrichten 49

Warmumformen:
  Thermoplast 24
Wasserwaage 117
Wechselstrom 95
Wechselverband 19
Wegeventile 106
Weginformationen
  (CNC) 112
Weg-Schritt-
  Diagramm 105
Weichglühen 29
Weißrost 33
Wellen
  (Maschinenelement) 75
Wellen-Naben-
  Verbindung 76
Wellen v. Sägeblättern 82
Wendeflügel 185
Wendeschlüssel 166
Werkstoffauswahl 11
Werkstoffprüfung 26
Widerlager 202
Widerstand 67, 94
Widerstand: elektrische
  Leiter 97
WIG-Schweißen 70, 71,
  73
Windlasten 194
Winkelbieger 38
Winkelschleifer 85
Winkelteilung 226
Wintergärten 192
Wirkungen:
  elektrischer Strom 94
Wirkungsgrad 99
WP-Schweißen 70

Zahnteilung 82
Zapfenbänder 155
Zarge 41, 154
Zentralschloßanlagen 167
ziehender Schnitt 78
Z-Stahl 17
Zugabe beim Falzen 57
Zuhaltungen 163
Zulauföffnungen
  (Verzinken) 146
Zusatzwerkstoff
  beim Schweißen 62
Zuschnitt 37, 222
Zuschnittlänge 47
Zweiholmtreppe 170
Zweikomponenten-
  kleber 25
zweiteilige Bänder 144
Zylinder 106
Zylindermontage 169
Zylinderschloß 165

Grundfachkunde Metalltechnik

Bearbeitet von Auch-Schwelk, Nafz, Strobel und Weller

2., völlig neu bearbeitete Auflage, 160 Seiten, viele mehrfarbige Abbildungen, Best.-Nr. 3525

Die Grundfachkunde Metalltechnik entstand als Grundstufe zur Fachkunde Fahrzeugtechnik. Sie ist in erster Linie ein Lern- und Arbeitsmittel für den Auszubildenden in den verschiedenen Bereichen des Berufsfeldes Metalltechnik, sowohl im Berufsgrundbildungsjahr als auch in der dualen Ausbildung.

Durch die fundierte, aber knappe Darstellung ist das Werk auch geeignet für den Unterricht im Fach Technik an Fachoberschulen und technischen Gymnasien. Meister und Techniker des Metallbereichs können diese Grundfachkunde als Nachschlagewerk zum Auffrischen ihres Basiswissens benutzen.

Diese nach den gültigen Lehrplänen **völlig überarbeitete Auflage** enthält die **neuen Kapitel Steuerungstechnik und Datenverarbeitung** und die bekannten Fachgebiete Prüfen, Fertigungsverfahren, Werkstofftechnik und Elektrotechnik.

Besonderer Wert wurde bei der Überarbeitung auf **die Berücksichtigung der neuesten Normen** gelegt, z.B. die Kennzeichnung der Stähle nach DIN EN 10027 und die DIN ISO-Vorschriften im Bereich der Steuerungstechnik und auf Belange des Umweltschutzes.

Wiederholungsfragen am Ende zusammenhängender Abschnitte sind durch rote Unterlegung gekennzeichnet und bieten dem Lernenden die Möglichkeit, seinen Lernfortschritt zu verfolgen und ständig zu kontrollieren.

Für weitere Informationen fordern Sie bitte unser Gesamtverzeichnis an.

 Holland + **Josenhans** GmbH & Co.
Postfach 10 23 52, D-70019 Stuttgart
Telefon (07 11) 6 14 39 20, Telefax 6 14 39 22